云计算与大数据应用研究

刘 静◎著

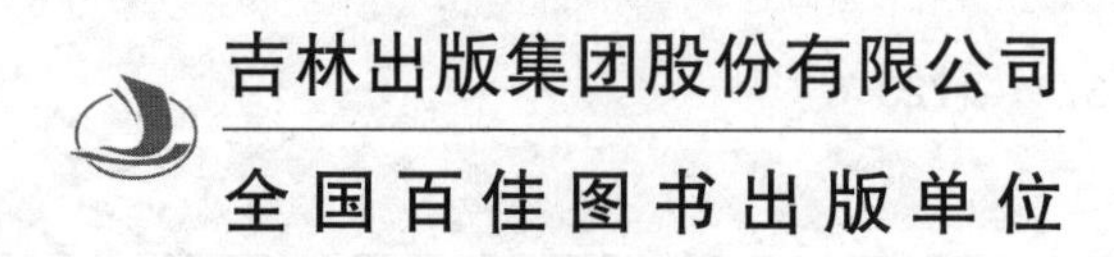

图书在版编目（CIP）数据

云计算与大数据应用研究 / 刘静著. -- 长春 : 吉林出版集团股份有限公司, 2022.8

ISBN 978-7-5731-1723-6

Ⅰ. ①云… Ⅱ. ①刘… Ⅲ. ①云计算一研究②数据处理一研究 Ⅳ. ①TP393.027②TP274

中国版本图书馆CIP数据核字(2022)第118045号

YUNJISUAN YU DASHUJU YINGYONG YANJIU

云计算与大数据应用研究

著　　者　刘　静
责任编辑　张婷婷
装帧设计　朱秋丽
出　　版　吉林出版集团股份有限公司
发　　行　吉林出版集团青少年书刊发行有限公司
地　　址　吉林省长春市福祉大路 5788 号（130118）
电　　话　0431-81629808
印　　刷　北京昌联印刷有限公司
版　　次　2022 年 8 月第 1 版
印　　次　2022 年 8 月第 1 次印刷
开　　本　787 mm × 1092 mm　1/16
印　　张　11.5
字　　数　230 千字
书　　号　ISBN 978-7-5731-1723-6
定　　价　65.00元

前言

互联网技术的推广应用将人们带入了信息时代,从目前的发展现状来看,人们的生活与工作已经与信息技术密不可分。与此同时,数据的规模和数量也呈现出明显增长的趋势,各种信息活动的开展均会产生大量的数据,而对于这些数据的处理已成为信息时代发展的重要问题。传统的数据处理方式不能承担当前大规模的数据信息,因而需要更加高效以及高质量的技术手段对数据进行处理。为了能够将所有数据进行及时有效的处理,云计算技术应运而生,该技术是在互联网之下形成的交互方式之一,可以满足多个领域的工作生产需要,实现对数据信息的高效处理。

云计算技术可满足大数据时代的数据处理需要,其能够在短时间内完成高效处理数据并实现数据资源的合理配置,因此云计算技术也被广泛地应用在各个行业中,发挥其独特的技术优势。

本书详细研究了云计算和大数据的应用,首先分别概述了云计算和大数据的相关内容,然后分析了分布式大数据系统、流数据实时计算系统、虚拟化的数据中心技术,之后探讨了大数据模式和价值,最后对大数据的实践应用进行了重点总结和研究。

由于笔者能力有限,书中肯定有不足和遗漏之处,恳请广大同人批评指正,以便将来做进一步的修订。

目 录

第一章 云计算基本概述

第一节 云计算概述

一、云计算简介

（一）云计算的内涵

云计算（Cloud Computing）是分布式处理、并行处理和网络计算的协同发展，或者说是这些计算机科学概念的商业实现，是基于互联网的超级计算模式，即把存储于个人电脑、移动电话和其他设备上的大量信息和处理资源集中在一起协同工作，是把在极大规模上可扩展的信息技术能力向外部客户作为服务来提供的一种计算方式。它通过网络把多个成本相对较低的计算实体整合成一个具有强大计算能力的系统，并借助软件即服务（SaaS）、平台即服务（PaaS）、基础设施即服务（IaaS）、移动安全平台（MSP）等先进的商业模式把这强大的计算能力分布到终端用户手中。

云计算最基本的概念，是通过网络将庞大的计算处理程序自动拆分成无数个较小的子程序，再交由多部服务器所组成的庞大系统经搜寻、计算分析之后将处理结果回传给用户。通过这项技术，网络服务提供者可以在数秒之内，完成处理数以千万计甚至亿计的信息，达到和“超级计算机”同样强大效能的网络服务。

云计算是一种基于互联网的、大众参与的计算模式，云计算不仅包括计算资源、存储资源，还有网络。其计算资源包括计算能力、存储能力、交互能力等，是动态的、可伸缩的、被虚拟化的，并以服务的方式提供。云计算的本质是构建一个智能的数据中心，或者说下一代数据中心。

云计算的思想可以追溯到1961年图灵奖得主约翰・麦卡锡提出的“计算能力将作为一种像水、电一样的公用事业提供给用户”。2001年，谷歌首席执行官埃里克·施密特在搜索引擎大会上首次提出了“云计算”的概念：用户可以利用终端设备接入互联网，透明地访问“云端”的服务，“云”负责管理一切计算资源，快速响应用户的各种请求，提供服务，所需费用则根据享受的服务进行计算。

目前，对于云计算的认识在不断地发展变化，但云计算仍没有普遍一致的定义。从一般应用的观点来看，云计算是基于互联网的超级计算模式，包含互联网上的应用服务、在数据中心提供这些服务的软硬件设施，以及进行的统一管理和协同合作。云计算将 IT 相关的能力以服务的方式提供给用户，允许用户在不了解提供服务的技术、没有相关知识以及设备操作能力的情况下，通过 Internet 获取需要的服务。

最简单的云计算技术在网络服务中已经随处可见，如搜寻引擎、网络信箱，使用者只要输入简单指令即能得到大量信息。在未来，手机、GPS 等行动装置都可以通过云计算技术发展出更多的应用服务。未来的云计算不仅具有资料搜寻、分析的功能，还可以分析 DNA 结构、基因图谱定序、解析癌症细胞等。

在云计算时代，我们可以抛弃移动设备，因为只需要进入相关页面就可以新建文档、编辑内容，然后直接将文档的 URL 分享给朋友或者上司，他可以直接打开浏览器访问 URL。我们再也不用担心因硬盘损坏而发生资料丢失事件。

高德纳咨询公司对云计算的定义如下：

云是一种计算风格，利用互联网技术向多个外部客户提供大量可扩展的与 IT 相关的功能。那么，到底什么是云计算？从“公用事业”的角度而言，可以将云计算当成第四种公用事业（排在水、电、电话之后）。正如我们和其他许多人所相信的，这正是云计算的终极目标。请考虑一下电和电话（公用事业）服务。我们回家或上班的时候，只要插上插头，就可以享用任意度数和任意时间长度的电量，而无须知道是怎么发电的或供应商是谁（我们只知道每个月底要为消耗的电量付费）。电话也是如此，我们接上电话线，进行拨号，想谈多久就谈多久，无须知道通过哪类网络或哪些服务供应商进行转换。如果将云计算作为第四种公用事业，我们插上显示器就可以得到无限的计算资源和存储资源，想用多久、想用多少都可以。当互联网到了下一阶段——云计算阶段时，我们会将计算任务分配给“云”，即通过网络访问的计算、存储以及应用资源的组合——我们不再关心我们的数据的物理存储位置，也不关心服务器的物理位置，我们只是在需要它们的时候才使用它们（并为它们付费）。云供应商通过 Web 浏览器进行访问互联网交互应用，同时业务软件和数据存储在远程地点的服务器上。多数云计算基础设施都包含通过共享数据中心提供的服务。云看起来是一种为满足消费者计算需求的单一访问点，许多云服务供应商在云上提供带有指定 SLA（服务等级协议）的服务产品。

1. 软件即服务（SaaS）

SaaS 在 IT 业内非常普遍。一般来说，软件公司提供托管他们软件的 SaaS，然后为客户更新和维护SaaS。云中的SaaS在云内结合了这一托管实践，使软件在云中运行，而无须在企业的本地机器上安装软件，从而满足企业的业务需求。这一功能是通过运行在云基础设施之上的供应商的应用提供给消费者。客户可以通过各种客户端设备（客户端界面，如Web浏览器）方便地访问这些应用，如基于Web的电子邮件。对于消费者而言，底层的云基础设施，包括网络、服务器、操作系统、存储甚至每个应用的功能，都是透明的，唯一的例外可能就是特定于用户的应用配置设置比较有限。SaaS的主要厂商包括Cisco（WebEx）、Microsoft、Google以及Salesforce.com。

2. 平台即服务（PaaS）

从计算的术语方面来讲，平台通常指的是支持软件运行的硬件架构和软件框架（包括应用）。计算领域常见的平台有Linux、Apache、MySQL以及PHP（LAMP）堆栈。运行在云上的PaaS向用户提供这些熟悉的平台堆栈，使用户摆脱购买和管理底层软硬件的成本和复杂性，方便地部署应用。PaaS产品通常通过提供并发管理、可缩性、故障转换、安全性，使众多的并发用户能够使用应用。消费者并不需要管理或控制底层的云基础设施，包括网络、服务器、操作系统或存储，但能控制部署的应用，可能还会限制应用托管环境的配置。PaaS的主要厂商包括Cisco（WebEx连接）、Amazon Web服务、Google和Windows Azure。

3. 基础设施即服务（IaaS）

当谈到基础设施时，人们想到的是网络设备、服务器、存储设备、连接、空调系统等项目。但在购买云基础设施时，以上部件都不是必需品。相反，用户在使用基于云的基础设施时，只需要关心如何去开发平台和软件。云向消费者提供的IaaS功能包括网络、计算和存储资源。消费者能够在IaaS上部署和运行任意软件，其中包括操作系统和应用。消费者并不管理或控制底层的云基础设施，但能控制操作系统和部署的应用。IaaS的主要厂商包括Telstra、AT&T、Savvis、Amazon Web服务、IBM、HP和Sun等。

IT的基础性硬件和软件资源包括构成网络的项目，即交换机、路由器、防火墙、负载均衡器、服务器和存储设备以及软件等。通常情况下，IT基础由多个厂商的设备和软件构成。提供IT基础性硬件和软件的主要厂商包括Cisco、HP、IBM、Dell、VMware、Red Hat和Microsoft等。

（二）云计算的采用

多数公司的高管都知道云计算可以大大地简化操作和使用、降低成本、提高效率，但他们对云仍然有所顾虑。

各种调查数据表明，影响 IT 人员采用云的关键因素是安全性和集成问题。虽然安全性和集成问题是人们对云计算的最大担心，但这些顾虑并没有妨碍企业在自己的公司内部实施基于云的应用。因为认识到云的好处，尝到云计算实施方便、安全性方面的功能以及成本节约的甜头，很多使用云计算的 IT 决策者正计划着将更多的解决方案应用到云。

根据对客户进行的多次研讨与调研，下列安全性和集成问题似乎是多数客户最关注的问题。

（1）如何保护数据安全，如何保持数据可用？

（2）如何满足当前和日后的安全及风险管理合规性要求？

（3）云都提供了何种安全服务？

（4）如何对云的安全性执行内外部审计？

（5）如何自动提供网络、计算和存储？

（6）如何实时地按需向客户门户提供向所有基础设施设备发出的需求？

（7）如何协调众多的新兴云工具和现有的旧工具？

虽然许多调查表明，多数客户都关心安全性和集成的问题，但多数成功的组织都会仔细计算风险，并在实施云的时候采用适当的安全措施。众所周知，没有人能够确保 100% 安全，但是，了解自己当前的状态，就可以采取适合的安全措施，既消除风险，又发展业务。

（三）云计算的投资回报和云获益

Amazon Web 服务发布的容量 / 利用率曲线显示了投资回报情况。

图 1-1 中的容量 / 利用率曲线示例显示的是典型的数据中心和云 IT IaaS 按需服务的资源使用情况。因为在生命周期早期存在不必要的资本开支，所以存在闲置容量，而在生命周期后期又出现资源短缺。如果没有云 IT IaaS，计划的资源要么因为实际使用率低于计划资源量而浪费，要么因没有足够资源满足客户需求而引起客户不满和客户流失。

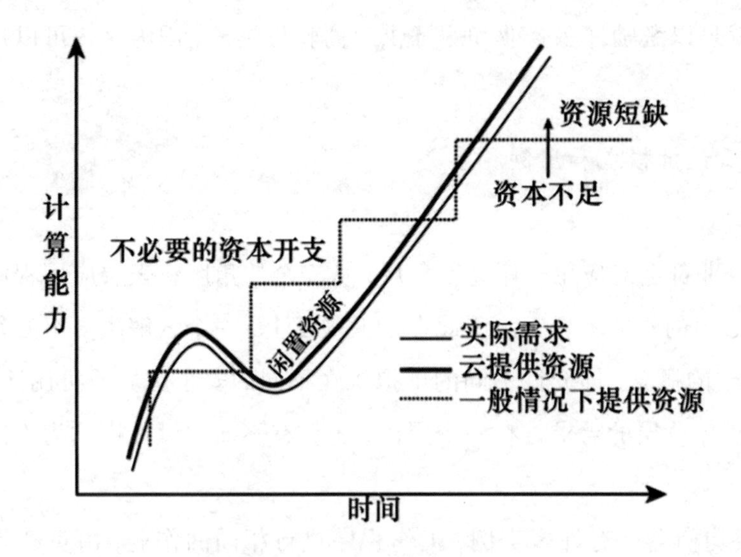

图 1–1　容量/利用率曲线[1]

图 1-1 清楚地表明云 IaaS 为何有利于防止资源的过度供应或者供应不足，从而提高成本、收益和毛利，并提供必需的资源匹配客户的动态需求。利用云 IaaS，资源的供给能够符合需求曲线（参见图 1-1 所示的曲线），做到既不浪费资源也不缺乏资源。

根据容量 / 利用率曲线和云 IaaS 的技术优点，可以将云 IaaS 的经济获益概括如下：

（1）按使用情况为资源付费。最终用户的投资成本只包括连接期间的成本，没有前期成本。

（2）基础设施设备的抽象通常由云供应商完成，最终用户没有锁定任何物理设备。

（3）最终用户按需获取服务，服务规模可大可小，没有规划的成本，也没有物理设备的成本，提供基础设施的云供应商还可以从充分利用自己设备的闲置容量中获益。

（4）最终用户可以从任何地方不受限制地访问应用、计算和存储。

（5）最终用户可以使用的容量不受限制，同时性能保持不变，只要双方达成一致的 SLA 影响。

云计算是对底层应用、信息、内容、资源的抽象，从而可以更具弹性、按需使用的方式提供和消费资源。这种抽象也使底层资源更容易管理，并为应用本身更高效的管理提供了基础。通过云，无须任何前期资本成本投入，就可以立即访问硬件资源。

[1] 卓苏拉，欧尔，佩吉.云计算与数据中心自动化 [M]. 北京：人民邮电出版社，2012.

仅此一点，就足以激励许多企业和服务供应商转移到云，因为这样可以提供更快的投资回报。

（四）云设计模式和用例

1. 设计模式

多数大企业都会对应用程序进行分层，从安全的角度将表层应用程序和数据分解到数据中心内的不同平台上。因此在最低限度上，一个云解决方案必须支持区域划分（zoning）的概念，即允许不同的虚拟机在不同的安全区域或可用区域中存在，以满足应用程序分层的需求。在一个层内，还会有不同的设计模式为不同的问题提供解决方案。

（1）负载均衡器。有许多实例 / 工作程序执行相同的作业，由负载均衡器在这些实例 / 工作程序之间对作业的请求进行分配，并由负载均衡器将响应发回给请求者。在所有三个分层中都可以看到这个设计模式，在实现网站和业务应用程序时经常用到。

（2）分配器与收集器。分配器与收集器可以将一个请求分解成多个独立的请求，然后在多个程序间分配，最后将多个工作程序的反应汇总后再返给请求者。搜索引擎经常使用这种模式，另外在应用程序层和数据库层经常看到这一模式。

（3）缓存。在使用负载均衡器模式或者分配器与搜集器模式分配请求之前，先查看缓存，缓存中存储了之前完成的所有查询。如果在缓存中没有发现匹配项，则向工作程序发出请求。这一设计模式在所有三层中都很常见。

（4）任务调度。智能化的调度程序根据当前的负载、趋势或者预测，在工作程序集合上启动任务。任务采用并行方式处理，输出结果传递到输出队列进行搜集。这个设计模式通常在应用程序之间使用。

（5）其他。随着技术的发展，类似 MapReduce、黑板的设计模式可能会流行起来。本书无意预测哪些设计模式会在云中获得成功，但可以看到的是，当负载要求对系统规模进行横向扩展的时候，IaaS 是承载此类设计模式的出色平台。

使用“基础设施容器”是其他设计模式的一个良好示例。例如 VMware 描述了这样的一种虚拟数据中心：“vCloud 虚拟数据中心（vDC）是对资源的一种分配机制。在 vDC 中，计算资源完全虚拟化，可以根据需求、服务级别要求或者二者的组合来分配这些资源。vDC 有两种类型，即供应商 vDC 和组织 vDC。”

（1）供应商 vDC。这些 vDC 包含 vCloud 服务提供商提供的所有资源。供应商 vDC 由云系统管理员创建和管理。

（2）组织 vDC。这些 vDC 为存储、部署和操作虚拟系统提供了一个环境。它们还提供了虚拟介质存储，如虚拟软驱和虚拟光驱。

组织的管理员规定如何将来自供应商 vDC 的资源分配给组织内的 vDC。

VMware 的 vDC 为将特定于租户的拓扑复杂性抽象出来提供了一个好办法，还为管理资源提供了方法。这一主题的变体就是 Cisco 的网络容器。目前已经提交给 OpenStack 作为网络即服务的基础，网络容器对 IaaS 的服务模型进行了进一步的抽象，从而向最终用户隐藏复杂的网络拓扑，并在更大的设计模式中使用。但是，负载均衡功能、第 2 层隔离和安全性以及第 3 层隔离，都是在一个网络容器内实例化的，而这个网络容器是在一套物理网络设备之上运行的。这样一来，应用程序开发人员就能专注于应用程序的功能，无须考虑网络拓扑实现的细节。开发出来的应用程序只需要它所在的虚拟机与具体网络容器内的具体区域连接即可，负载均衡、防火墙、寻址等工作均由网络容器处理。

2. 云用例

云计算的使用将以大型企业为主，因为它们最有可能采用私有云、公共云或混合云的解决方案。相比主流 IT 技术，多数云技术仍然相当不成熟，因此采用云解决方案的过程仍然是个冒险的过程。但是，如果采用云解决方案获得成功，企业会变得更加敏捷，其投入产出比更高，从而取得实质性的回报。考虑到云市场目前的成熟度以及对安全性的考虑，大型企业在短期内还不会将关键业务应用程序部署到云中。当然，目前围绕客户关系管理以及销售工具的 SaaS 产品已得到广泛采用，但这些应用程序通常相当独立，不需要与现有业务流程或技术集成，因此采用起来也更简单。目前已经梳理出来的许多典型用例允许企业“试探性”地使用云（IaaS/PaaS/SaaS），并从中得到一些显著的商业收益。

公司开发和测试环境的设置及维护工作既要投入大量人力，又需要高昂的成本。应用程序开发和硬件更新的周期性意味着这些环境在大部分时间中的使用率都很低，而在需要使用这些环境的时候，它们可能又过时了。虚拟化可以减少硬件更新的需求，因为用户可以随时增加虚拟机的内存和 CPU，而且可以相对平稳地在不同的硬件平台间迁移，但硬件仍然是必需的，而且使用率仍然不高。另外，如果企业面对的是工作时间变化较大的开发人员，他突发灵感，想出可以让公司的某个应用程序运行起来快 3 倍的方法，凌晨 3 点就要起来开始工作，但需要一台新的数据库服务器，由此可见，云（IaaS 和 PaaS）为企业提供了满足这些灵活性需求、按需自助服务需求和提高利用率的功能。

业务持续性和灾难恢复对于任何企业来说都是两个关键领域。可以将业务持续性视为允许客户、员工在任何时候都能访问关键业务功能的过程和工具。业务持续性主要包括技术支持、变更管理、备份以及灾难恢复。同开发和测试环境的使用率低下的情况一样，支持业务持续性过程的系统在业务运行正常的时候，利用率也比较低，但是在出现故障的时候，利用率可能会极高。例如技术支持部门可能会收到大量的请求。在出现重大停机或“灾难”的时候，将这些应用程序转移或切换到备用地点，确保用户仍然能够访问应用程序、提交问题或者访问备份数据，这些都是至关重要的。云技术明显能够通过虚拟化技术提高技术支持或变更管理软件的利用率，或者通过 SaaS 的“按使用付费”模式降低成本。IaaS 支持创建特定应用程序的新实例，实现应用程序规模的横向扩充，从而解决 IaaS 支持的某些需求问题，还支持在出现故障的时候转移到备用公有云或备用私有云上的备份或备用应用程序上，甚至可以在混合云模型中分解负载。

随着内部 IT 部门开始用共享服务模型来集中其功能、跟踪成本，将成本分摊到不同的业务线或业务单元就变得越来越重要。如果服务转移到企业外由 SaaS 或 IaaS 供应商提供，那么根据使用情况来跟踪和分摊成本就成为企业成本管理的一个关键功能。服务在云中托管意味着可以使用 IaaS 内在的机制来计算和呈现不同的收费、分摊和反馈数据。

桌面管理是大型企业中非常突出的问题，为了排除故障，修改和保护不同的桌面配置，需要部署大量的运营资源。虚拟桌面基础设施（VDI）的引入允许用户连接到集中管理的桌面。云有助于桌面的自助管理，有助于新桌面的克隆，还有助于主映像的管理。对于 VDI 资源的计费和收费也可以通过基于云的 VDI 解决方案来实现。

纯粹基于存储的服务，如文件备份、影像备份以及 ISO 存储，对于任何一个大型企业都是必需的，通常会占用多达几 TB 的空间。如果在业务线（LOB）或业务单元（BU）级别上购买和分配这些资源，会造成大量的资本开支以及严重的利用率低下。而存储云可以实现更高的利用率，并且其提供的灵活性和自助服务程度与在单个 LOB 或 BU 上分配资源的灵活性和自助服务程度相同。存储云还能利用其他云用例（如灾难恢复和分摊）提供更加全面的服务。

按需计算服务是任何 IaaS 云的基础，不受用例限制。使用者想的只是提高业务的敏捷性，或者追加现有服务以满足需求，或者需要在指定期间内迅速实现对新业务的支持。所有 IaaS 用例对按需计算的支持都取决于云供应商的能力。但是，不能简单地认为单个问题的解决方案就是部署服务器虚拟化技术，如 VMware ESX 或

Microsoft Hyper-V。许多应用程序无法或者难以虚拟化，所以在云产品中包含物理的按需服务需求经常被忽视。虽然提供物理服务器的做法不像提供虚拟服务器的做法那么普遍，但这是个必备的能力，它要求在虚拟机监控程序级别、物理服务器及其上的操作系统和应用程序不能满足需求的时候，具备提供物理存储和物理网络的支持能力。

3. 部署模型

目前的用例和设计模式既可存在于企业内部数据中心的私有云内，也可存储在通过互联网公共访问的公有云内，还可存在于电信运营商通过企业 IP VPN 服务提供的私有访问的公有云内。

公共云或服务供应商提供的虚拟私有云，支持一套标准的设计模式和用例。例如，Amazon Web Service（AWS）EC2 支持负载均衡设计模式，在单独一层内提供。通过可用性分区和自动伸缩，支持按需计算、使用情况监控以及业务持续性这几个用例。但对于特定用例的具体需求来说，还需要进行评估。公共云的一个关键原则就是使用共享基础设施在供应商自己的数据中心托管多个租户，并使用公共的安全模型实现租户之间的隔离。云的全部管理由供应商负责，使用者只需要按使用量付费即可。

私有云由企业 IT 部门构建和运营，所以支持内部使用者希望在整体的云参考模型中描述任何用例。虽然多个业务线或业务单元可以使用相同的基础设施，但安全模型不需要像公共云那样复杂，因为云的基础设施在企业内部，数据通常也存储在企业内部。构建私有云时不需要企业构建大量的虚拟化、网络、存储、管理等功能，也不需要具有这么多功能。构建私有云意味着企业可以完全地利用云，甚至有可能发展出新的收入机会或业务模型。企业必须为支持云服务进行初始的基础设施投资，还要承担容量用尽、增加新基础设施时的后续成本。

第三个选择是允许服务供应商构建私有云，并且将运行的私有云托管在它的数据中心或放在企业内部。如果企业既想利用云服务，又不想投入太多，还要满足安全或合规要求，那么托管云是理想的解决方案。托管云与公共云不同，托管云的基础设施在正常的操作时间内是由特定租户专用的。在非高峰时段，可以将资源退回给服务供应商，从而对应用程序打折收费。但是，有些租户可能不喜欢在他们的数据中心上运行不同的工作负荷。托管云并不意味着企业不必构建或投资云功能中心，而且如果供应商提供公共云服务，那么也许还可以根据需要在低成本的公共云和成本较高的私有云之间来回迁移工作负载。

4. 以 IaaS 为基础

迄今为止,我们已经从使用者的角度了解了构成云服务的组成部分,即在他们使用和部署云时可以考虑的用例、设计模式以及部署模型。之前还介绍了不同的云服务模型,即基础设施即服务(IaaS)、平台即服务(PaaS)以及软件即服务(SaaS)。本部分将介绍为什么对于服务供应商来说,IaaS 是其他两种服务模型的基础,并介绍 IaaS 在支持典型的用例和设计模式时所需要的组件。

SaaS 是向使用者提供的,使用供应商在云基础设施上运行应用程序的功能。PaaS 是向使用者提供的,在云基础设施上部署使用者创建或购买的应用供应商支持的编程语言及工具开发的应用程序的功能。SaaS 和 PaaS 都提高了供应商对于 IaaS 上的服务所承担的责任。如果供应商还需要提供实现基本云所需的自助服务特征和弹性,则有必要在 IaaS 解决方案上部署 SaaS 和 PaaS,以便构成 IaaS 基础的功能、系统和过程。这并不意味着 SaaS 供应商或 PaaS 供应商必须先部署 IaaS。但是,如果先部署 IaaS,那么 SaaS 和 PaaS 解决方案伸缩起来就会更容易。

从标准的定义角度来看,IaaS 通常被当成纯粹的基础设施,所以服务器本身不提供操作系统或应用程序,但在实践中,多数云供应商都提供应用程序即服务的选择。在每种服务模型中应用程序的性质是不同的,分别描述如下:

SaaS。使用者真正感兴趣的只是使用最终的应用程序,所以内容和数据是最重要的。如果要使用多种设备(智能手机、笔记本电脑、平板电脑等)访问应用程序,那么应用程序的表示方式也会成为重要的影响因素。如果只是用不同的应用程序“皮肤”向不同的租户提供应用程序,那么元数据在这个层次上也有意义。

PaaS。使用者感兴趣的主要是在这个环境内开发和测试应用程序,所以这里使用的应用程序可能是集成开发环境(IDE)、测试工具、中间件平台等。元数据方案在这里开发,操作系统(OS)以及必需的库也可以在这一层管理。

IaaS。使用者感兴趣的主要是交付基础设施,这样他可以在这个基础设施上添加他负责的应用程序。根据服务的范围,这里的基础设施可以包括网络基础设施、操作系统以及基本的应用程序,如 Linux、Apache、MySQL 和 PHP (LAMP)栈。

SaaS 和 PaaS 都是需要服务器、操作系统等基础设施支持才能服务用户使用的应用程序。随着服务供应商对这些应用程序的责任等级的提高,以更有效的方式管理它们的需求也随之提升。以 SaaS 为例,尤其在应用程序本身并不支持多租户模式时(例如,某个托管服务供应商想在某个 IP 电话解决方案之上提供某种形式的监控应用程序),可以看到,对于每个租户,都必须创建应用程序的新实例。手动进行这种操作对于服务供应商来说既费时又费力，所以使用 IaaS 解决方案快速部署新实例对于供应商来说有很大的商业意义。这个过程，以自动一致的方式来支持其他新的单租户应用程序、添加新实例来处理负载（横向伸缩）或修改现有应用程序的 vRAM 或 vCPU 来处理负载（纵向伸缩）。IaaS/PaaS 解决方案的用户经常需要访问操作系统库、补丁、代码实例，还需要能够备份计算机或制作计算机的快照，这些对于任何 IaaS 解决方案来说都是关键的功能。在实现的时候，不应该直接构建这些功能，尤其是直接构建 SaaS 或 PaaS 功能，即使没有直接提供 IaaS 服务，也应该构建一个基础的 IaaS 层。这样做的话，架构会更灵活、更敏捷。以一致的方式构建基础设施，意味着不论 IaaS、PaaS、SaaS 或三者的任意组合使用什么样的基础设施，都能够用一致的方式进行管理、计费或收费。

云的使用者通常并不关心服务的实现方式或管理方式，他们只会要求供应商在他使用服务实例的生命周期内为服务水平、治理、变更、配置管理等负责，而不关心供应商管理的是基础设施、平台还是软件。因此，服务供应商需要以一致的方式管理服务的实现、保证以及收费 / 分摊功能。如果供应商提供了不止一个服务模型，理想的方式是用一个集成的管理栈来提供这些功能，而不是分散在不同的地方进行管理。

不论云使用者要求什么样的应用程序设计模式、用例或部署模型，为云选择的使用者运营模型都至关重要。

5. 云使用者的运营模型

运营模型描述的是组织如何设计、创建产品，并向使用者推销和提供产品。在云的环境内，运营模型描述的是云使用者如何向用户提供基于云的 IT 服务。对于云供应商来说，也存在类似的模型，显示的是供应商如何提供和管理云服务。但云供应商的模型要考虑众多不同的使用者和市场，因此更为复杂。

所有运营模型的核心是了解云解决方案中承载的用例和设计模式。理解了用例和设计模式并达成一致后，必须解决以下几方面的问题：

（1）组织。当资源托管在企业外或第三方时，使用者如何组织他的 IT 功能以支持更多按需使用模型或公用模型。

（2）服务产品组合。哪些服务由内部提供，提供给谁，如何建立新的服务。

（3）流程。转移到效用计算时要修改哪些流程，要做哪些修改。

（4）技术架构。要支持议定的用例和部署模型，须部署、修改或者购买哪些系统或技术。

(5)SLA管理。要向最终用户提供哪种服务水平协议(SLA),根据这个协议,组织和云供应商(对于私有云来说,可以是内部的IT部门)之间需要提供什么样的服务水平协议。

(6)供应商管理。要选择哪个云供应商或工具厂商,选择的标准、许可证的类型,以及要使用的合约模型是什么。

(7)治理。使用者如何进行云决策,如何划分决策的优先级,如何管理决策,在引入效用计算模型时如何降低风险。

熟悉开放组架构框架开发方法的人可以看出与ADM之间存在一些相似之处。这是有意而为之的,因为云更多的是业务的转变而不是技术的转变。

云的采用首先是业务的转变,然后才是技术的转变。在考虑采用某种云使用模型时,应该充分理解以下这些方面。

按照云计算提供的服务类型和功能,可以将其分为三个类型:平台即服务(PaaS)、基础设施即服务(IaaS)和软件即服务(SaaS)。

平台即服务中最典型的例子是Google的APP Engine。PaaS为用户提供的是一个有着托管功能的软件开发平台,也可以称之为"云计算操作系统"。基于云的软件运行、测试和开发,大规模的分布式应用运行环境是PaaS的两个主要的核心技术。

基础设施即服务中较为典型的例子就是IBM公司在无锡成立的云计算中心,属于此类型云计算的还有亚马逊弹性云Amazon EC2。IaaS的本质就是租用多个虚拟机服务器,以虚拟机的模式替代以前的物理机。这样在相同的投资水平下,IaaS在服务提供商比普通的服务器租用提供商能取得更大的收益。这种云提供出租给客户的是存储、处理能力、网络还有其他的基本计算资源这种底层的、接近于直接操作硬件资源的服务接口,用户能够部署和运行包括应用程序和操作系统在内的任何软件。

软件即服务类型中经典的例子有IBM LotusLive、SPS Commerce.net、Google Calendar和Gmail、Salesforce.com、NetSuite等。这种类型的云计算是一种软件分销的模式,也就是直接为用户提供应用软件。SaaS有自己的优势,即成本较低、支持的服务可靠、扩展性非常强大。由于一种应用云只针对一种特定的功能,想提高其他功能的效率很难,所以它的缺点是灵活性低。

可以根据云计算的服务方式、云计算服务的部署方式和服务对象将其分为三类,即私有云、公有云和混合云。用户可以根据自己的意愿选择适合自己的云计算模式。

云计算的战略资源包括软件、数据、基础设施和平台。未来云计算的发展趋势将由上面的四项战略资源来决定，根据“集中计算、按需应用”模式，这四项资源和云计算之间的关系可以表达为：云计算等于软件和数据之和加上基础设施与平台的和再与服务求积。

将来的云计算要有数量巨大的空间提供给管理以及存储数据使用。所有的信息技术资源几乎都能提供云服务。计算能力和应用程序、编程工具和存储容量，以及协作工具盒通信服务等都是上述资源的各个部分。信息技术部门因为再也不必为了软件和服务器的升级以及其他的一些问题的担心而得到一定程度的解放。企业利用云计算可以将信息技术的投资减小到最低，而且能将回报增加到最高。因此，企业完全可以把节省下来的信息技术的相关投资转移到其他的创新增收中去以求得更大更新的生产力。

将来的云计算是全智能化的，完全可以按照客户提供的时间、地点、喜好等多种信息随时做出对客户的需求的预期工作。这样，在这种云计算的模式下，搜索信息的过程将实现对顾客的量身定做。

云计算模式在拥有以上诸多优势的同时，也存在着一些问题，如网络传输问题、数据隐私问题、数据可靠性和数据安全问题、标准问题、软件许可证问题等，所有这些都限制着云计算的飞速发展。

首先，云计算的网络传输问题。网络是云计算服务中不可缺少的重要部分。但是当前的现实状况是网络运行速度不高并且不够稳定，这些都导致云应用的性能提高不上来。所以说，网络技术的不断发展是云计算的普及所必须具备的条件。

其次，云计算的数据隐私问题。使企业和客户的数据隐私安全地存放在云服务中得到保护而不被非法使用和侵占，这不仅仅要求完成技术上的改进，也必须有进一步完善的法律保障。

最后，云技术中存在的用户使用习惯问题。用户的使用习惯改变的问题，是使之能够很好地适应网络化的软硬件应用问题中最重要的、艰难的、而且需要很长时间才能完成的一项主要任务。

数据安全性问题目前是云计算发展的瓶颈。目前在互联网所有服务器上的大部分数据都属于某些企业和客户的商业机密的范畴，这些商业机密的安全性直接影响了这些企业的发展问题甚至是生死存亡的问题。故云计算技术的数据安全性问题一天得不到解决，云计算在客户和企业中的应用的影响就会一直存在。

二、云计算的阶段划分

企业的 IT 建设过程，以当前的基准来衡量，主要有三个阶段。

（一）第一个阶段：大集中过程

这一过程将企业分散的数据资源、IT 资源进行了物理集中，形成了规模化的数据中心基础设施。在数据集中过程中，不断实施数据和业务的整合，大多数企业的数据中心基本完成了自身的标准化，使得既有业务的扩展和新业务的部署能够有规划、可控制，并以企业标准进行 IT 业务的实施，解决了数据业务分散时期的混乱无序问题。在这一阶段中，很多企业在数据集中后期也开始了容灾建设，特别是在雪灾、大地震之后，企业的容灾中心建设普遍受到重视，金融行业几乎开展了全行业的容灾建设热潮，金融行业的大部分容灾建设级别都非常高，面向应用级容灾（数据零丢失为目标）。总的来说，第一阶段解决了企业 IT 分散管理和容灾的问题。

（二）第二个阶段：实施虚拟化的过程

在数据集中与容灾实现之后，随着企业的快速发展，数据中心 IT 基础设施扩张很快，但是系统建设成本高、周期长，即使是标准化的业务模块建设，软硬件采购成本、调试运行成本与业务实现周期并没有显著下降。标准化并没有提高系统灵活性，集中的大规模 IT 基础设施出现了大量系统利用率不足的问题，不同的系统运行在独占的硬件资源中效率低下，而数据中心的能耗、空间问题逐步凸显出来。因此，以降低成本、提升 IT 运行灵活性、提升资源利用率为目的的虚拟化开始在数据中心进行部署。虚拟化屏蔽了不同物理设备的异构性，将基于标准化接口的物理资源虚拟化成逻辑上也完全标准化和一致化的逻辑计算资源（虚拟机）和逻辑存储空间。虚拟化可以将多台物理服务器整合成单台，每台服务器上运行多种应用的虚拟机，实现物理服务器资源利用率的提升。由于虚拟化环境可以实现计算与存储资源的逻辑化变更，特别是虚拟机的克隆，使得数据中心 IT 实施的灵活性大幅提升，业务部署周期可由数月缩小到一天以内。虚拟化后，应用以 VM 为单元部署运行，数据中心服务器数量可大为减少且计算能效提升，数据中心的能耗与空间问题可以得到控制。

总的来说，第二阶段提升了企业 IT 架构的灵活性，数据中心资源利用率有效提高，运行成本降低。

（三）第三个阶段：云计算阶段

对于企业而言，数据中心的各种系统，包括软、硬件与基础设施，都是一大笔资源投入。新系统在建成后一般经历 3~5 年即逐步老化面临更换，软件技术则不断面临升级的压力。此外，IT 的投入难以匹配业务的需求，即使虚拟化，也难以解决不断增加的业务对资源的需求变化，在一定时期内，扩展性总是有所受限。于是企业 IT 产生新的期望蓝图：IT资源能够弹性扩展、按需服务，将服务作为IT的核心，提升业务的敏捷性，进一步降低成本。因此，面向服务的IT需求开始演变到云计算架构上。云计算架构可以由企业自己构建，也可用第三方云设施，但基本趋势是企业逐步采取租用IT资源的方式来实现业务需要。如同水力、电力资源一样，计算、存储、网络将成为企业IT运行的一种被使用的资源，无须自己建设，可按需获得。从企业角度来看，云计算解决了IT资源的动态需求和最终成本等问题，使得IT部门可以专注于服务的提供和业务运营。

这三个阶段中，大集中与容灾是面向数据中心物理组件和业务模块，虚拟化是面向数据中心的计算与存储资源，云计算最终面向IT服务。这样的一个演进过程，表现出IT运营模式的逐步改变，云计算则最终根本改变了传统IT的服务结构，剥离了IT系统中与企业核心业务无关的因素，将IT与核心业务完全融合，使企业的IT服务能力与自身业务的变化相适应。在技术变革不断发生的过程中，网络应用逐步从基本互联网时代转换到WEB服务时代，IT也由实现企业网络互通转换到提供信息架构全面支撑企业核心业务。技术驱动力也为云计算提供了实现的客观条件。

三、云计算的特点

云计算的特点主要表现在服务器规模巨大、资源虚拟化、高可靠性、通用性强、高可扩展性、按需服务、价格低廉等方面。

（一）规模巨大

“云”具有相当的规模，Google云计算已经拥有100多万台服务器，Amazon、IBM、微软等的“云”均拥有几十万台服务器。企业私有云一般拥有数百上千台服务器。“云”能赋予用户前所未有的计算能力。

（二）资源虚拟化

云计算支持用户在任意位置使用各种终端获取应用服务。所请求的资源来自“云”，而不是固定的有形的实体。应用在“云”中某处运行，但实际上用户无须了解，也不用担心应用运行的具体位置，只需要一台笔记本或者一个手机，就可以通过网络服务来实现人们需要的一切，甚至包括超级计算这样的任务。

（三）高可靠性

“云”使用了数据多副本容错、计算节点同构可互换等措施来保障服务的高可靠性，使用云计算比使用本地计算机更可靠。

（四）通用性强

云计算不针对特定的应用，在“云”的支撑下可以构造出千变万化的应用，同一个“云”可以同时支撑不同的应用运行。

（五）高可扩展性

“云”的规模可以动态伸缩，满足应用和用户规模增长的需要。

（六）按需服务

“云”是一个庞大的资源池，用户按需购买。

（七）价格低廉

由于“云”的特殊容错措施可以采用极其廉价的节点来构成云，“云”的自动化集中式管理使大量企业无须负担日益高昂的数据中心管理成本，“云”的通用性使资源的利用率较之传统系统大幅提升，因此用户可以充分享受“云”的低成本优势，经常只要花费几百元、几天时间就能完成以前需要数万元、数月时间才能完成的任务。

云计算可以彻底改变人们未来的生活，但人们也要重视环境问题，这样才能真正为人类进步做贡献，而不仅仅是简单的技术提升。

（八）潜在的危险性

云计算服务除了提供计算服务外，还提供存储服务。但是云计算服务当前垄断在私人机构（企业）手中，而他们仅仅能够提供商业信用。政府机构、商业机构，特别是像银行这样持有敏感数据的商业机构，选择云计算服务应保持高度的警惕。一旦商业用户大规模使用私人机构提供云计算服务，无论其技术优势有多强，都不可避免地让这些私人机构以“数据（信息）”的重要性挟制整个社会。对于信息社会而言，“信息”是至关重要的。此外，云计算中的数据虽然对于数据所有者以外的其他云计算用户是保密的，但是对于提供云计算的商业机构而言确实毫无秘密可言。所有这些潜在的危险，是商业机构和政府机构选择云计算服务，特别是选择国外机构提供的云计算服务时，不得不考虑的一个重要前提。

四、云计算的影响

（一）对软件开发的影响

云计算环境下，软件技术、架构将发生显著变化。首先，所开发的软件必须与云相适应，能够与虚拟化为核心的云平台有机结合，适应运算能力、存储能力的动态变化；其次，要能够满足大量用户的使用，包括数据存储结构、处理能力的要求；再次，要互联网化，有基于互联网提供软件的应用；最后，安全要求更高，能保护私有信息。

云计算环境下，软件开发的环境、工作模式也将发生变化。虽然传统的软件工程理论不会发生根本性的变革，但基于云平台的开发工具、开发环境、开发平台将为敏捷开发，项目组内协同、异地开发等带来便利。软件开发项目组内可以利用云平台，实现在线开发，并通过云实现知识积累、软件复用。

云计算环境下，软件产品的最终表现形式更为丰富多样。在云平台上，软件可以是一种服务，如 SAAS，也可以是一个 Web Services，还可以是在线下载的应用，如苹果的在线商店中的应用软件等。

（二）对软件测试的影响

在云计算环境下，软件开发工作的变化，必然会对软件测试带来影响和变化。

软件技术、架构发生变化，要求软件测试的关注点也应做出相对应的调整。软件测试在关注传统的软件质量的同时，还应该关注云计算环境所提出的新的质量要求，如软件动态适应能力、大量用户支持能力、安全性、多平台兼容性等。

云计算环境下，软件开发工具、环境、工作模式发生了改变，也就要求软件测试的工具、环境、工作模式也发生相应的转变。软件测试工具应工作于云平台之上，测试工具的使用可通过云平台来进行，而不再以传统的本地方式；软件测试的环境可移植到云平台上，通过云构建测试环境；软件测试可以通过云实现协同、知识共享、测试复用。

软件产品表现形式的变化，要求软件测试可以对不同形式的产品进行测试，如 WebServices 的测试、互联网应用的测试、移动智能终端内软件的测试等。

云计算的普及和应用，还有很长的道路要走，社会认可、人们的习惯、技术能力，甚至是社会管理制度等都应做出相应的改变，方能使云计算真正普及。但无论怎样，基于互联网的应用将会逐渐渗透到每个人的生活中，对人们的服务、生活都会带来深远的影响。要应对这种变化，很有必要讨论业务未来的发展模式，确定努力的方向。

五、云计算应用

（一）云物联

“物联网就是物物相连的互联网”这句话有两层意思：第一，物联网的核心和基础仍然是互联网，物联网是在互联网基础上延伸和扩展的网络；第二，其用户端延伸和扩展到了物品与物品之间进行信息交换和通信。

随着物联网业务量的增加，对数据存储和计算量的需求将带来对“云计算”能力的要求：

（1）在物联网的初级阶段，POP 即可满足需求。

（2）在物联网高级阶段，可能出现 MVNO/MMO 营运商，需要虚拟化云计算技术、SOA 等技术的结合以实现互联网的泛在服务，即 TaaS。

（二）云安全

云安全（CloudSecurity）是一个从由“云计算”演变而来的新名词。云安全的策略构想：使用者越多，每个使用者就越安全。因为如此庞大的用户群，足以覆盖互联网的每个角落，只要某个网站被挂马或某个新木马病毒出现，就会立刻被截获。

“云安全”通过大量的网状客户端对网络中软件行为的异常进行监测，获取互联网中木马、恶意程序的最新信息，然后推送到 Server 端进行自动分析和处理，再把病毒和木马的解决方案分发到每一个客户端。

下面介绍十种方法来保证云安全。

1. 密码优先

如果讨论的是理想的情况的话，那么用户的用户名和密码对于每一个服务或网站都应该是唯一的，而且是要得到许可的。因为如果用户名和密码都是同一组，那么当其中一个被盗，其他的账户也同样会被暴露。

2. 检查安全问题

在设置访问权限时，应尽量避开那些瞥一眼就能看出答案的问题，如 Facebook 头像。最好的方法是选择一个问题，而这个问题的答案正好是通过另一个问题的答案。例如，你选择的问题是“小时候住在哪里”，答案最好是“黄色”之类与问题无关的。

3. 试用加密方法

无论这种方法是否可行，都不失为一个好的想法。加密软件需要来自用户方面的努力，但也有可能需要用户去抢夺代码凭证，因此没有人能够轻易获得它。

4. 管理密码

这里讲的是，用户可能有大量的密码和用户名需要跟踪照管。所以为了管理这些密码，用户需要有一个应用程序和软件在手边，它们将会帮助用户做这些工作，其中一个不错的选择是 LastPass。

5. 双重认证

在允许用户访问网站之前可以有两种使用模式。因此除了用户名和密码之外，唯一验证码也是必不可少的。验证码是以短信的形式发送到用户的手机上，作为用户登录凭证。通过这种方法，即使其他人得到了用户的密码，但他们无法出示唯一验证码，他们的登录也就会遭到拒绝。

6. 不要犹豫，立刻备份

当涉及云中数据保护时，人们被告知在物理硬盘上进行数据备份时，这听起来可能有些奇怪，但这确实是需要用户去做的事。用户应该直接在外部硬盘上备份数据，并随身携带。

7. 完成即删除

为什么有无限的数据存储选择时，我们还要找麻烦去做删除工作呢？原因在于，用户永远不知道有多少数据会变成潜在的危险。如果来自某家银行账户的邮件或警告信息时间太长，已经失去了价值，那么就删除它。

8. 注意登录的地点

有时我们在别人的设备上登录的次数，要比在自己的设备上登录的次数多得多。当然，有时我们也会忘记他人的设备可能会保存下我们的信息，从而形成安全隐患。

9. 使用反病毒、反间谍软件

尽管是云数据，但是，如果你的系统存在风险，那么你的在线数据也将存在风险。一旦你忘记加密，那么键盘监听就会获得你的云厂商密码，最终你将失去所有。

10. 时刻都要管住自己的嘴巴

永远都不要把你的云存储内容与别人共享，保持密码的私密性是必需的，不要告诉别人你所有使用的厂商或服务是什么。

（三）云存储

云存储是在云计算概念上延伸和发展出来的一个新的概念，是指通过集群应用、网格技术或分布式文件系统等功能，将网络中大量的各种不同类型的存储设备通过应用软件集合起来协同工作，共同对外提供数据存储和业务访问功能的一套系统。当云计算系统运算和处理的核心是大量数据的存储和管理时，云计算系统中就需要配置大量的存储设备，那么云计算系统就转变成为一个云存储系统，所以云存储是一套以数据存储和管理为核心的云计算系统。

云存储系统的结构模型由四层组成。

1. 存储层

存储层是云存储最基础的部分。云存储中的存储设备往往数量庞大且分布在不同地域。彼此之间通过广域网、互联网或者 FC 光纤通道网络连接在一起。

存储设备上是一个统一存储设备的管理系统，可以实现存储设备的逻辑虚拟化管理、多链路冗余管理，以及硬件设备的状态监控和故障维护。

2. 基础管理层

基础管理层是云存储最核心的部分，也是云存储中最难以实现的部分。基础管理层通过集群、分布式文件系统和网格计算等技术，实现云存储中多个存储设备之间的协同工作，使多个存储设备可以对外提供同一种服务，并提供更大更强更好的数据访问性能。

CDN 内容分发系统、数据加密技术保证云存储中的数据不会被未授权的用户所访问。通过各种数据备份、容灾技术和措施可以保证云存储中的数据不会丢失，保证云存储自身的安全和稳定。

3. 应用接口层

应用接口层是云存储最灵活多变的部分。不同的云存储运营单位可以根据实际业务类型，开发不同的应用服务接口，提供不同的应用服务，如视频监控应用平台、IPTV 和视频点播应用平台、网络硬盘应用平台、远程数据备份应用平台等。

4. 访问层

任何一个授权用户都可以通过标准的公用应用接口来登录云存储系统，享受云存储服务。云存储运营单位不同，云存储提供的访问类型和访问手段也不同。

严格来说云存储不是存储，而是服务。就如同云状的广域网和互联网一样，云存储对于使用者来讲，不是指某一个具体的设备，而是指一个由许许多多个存储设备和服务器所构成的集合体。使用者使用云存储，并不是使用某一个存储设备，而是使用整个云存储系统带来的一种数据访问服务。云存储的核心是应用软件与存储设备的结合，通过应用软件来实现存储设备向存储服务的转变。

六、云计算的发展与现状

21 世纪以来，云计算作为一个新的技术已经得到了快速的发展。云计算改变了我们的工作方式，也改变了传统的软件工程企业。

（一）行业方向、运营阶段和技术阶段

新技术，如多核 CPU、多插槽主板、外围组件互联（PCI）总线技术，代表了计算环境的发展。这些发展在抽象技术之外，也为数字数据呈现指数性增长和互联网全球化的时代提供了更优良的性能和更高的资源利用率。为使用这些资源而设计的多线程应用程序既要求更高的带宽，又要求底层基础设施提供更高的性能和效率。

在几年前，虚拟基础设施经历了几轮发展。基本的虚拟机监控程序技术（虚拟机监控程序/VMM内核中内置相对简单的虚拟交换机）已经让位于更加精密的第三方分布式虚拟交换机（DVS），如CiscoNexus1000V，将虚拟服务器和网络的运营领域融为一体，提供了一致而且集成的策略部署。至于其他用例，如虚拟机的实时迁移，则要求协调（物理的和虚拟的）服务器、网络、存储以及其他依赖项，以实现不间断的服务持续性。能力和功能用在何处需要仔细考虑，不是每个能力和功能都能在虚拟实体上找到理想的实例，因为性能或合规的原则，有些能力和功能可能就是要求使用物理的实例。所以下面我们将看到一个混合模型，在它的架构和设计中，对于每个能力和功能都要进行评估，以寻找理想的位置。

虽然数据中心的性能需求不断增长，但IT管理人员一直在寻找办法，努力通过提高当前资源的利用率来限制数据中心的物理扩张。通过服务器虚拟化实现的服务器聚合已经成为一个很有吸引力的选择。利用多台虚拟机，全面利用物理服务器的计算潜力，实现对数据中心转移需求的快速响应。计算能力的这种快速提升与虚拟机环境的使用增长，共同提出了对更高带宽的需求，给支持网络提出了额外挑战。

能耗和电源利用率仍是一些数据中心运营人员和设计师的首要考虑因素。数据中心的设施在设计时就有具体的电源预算，以每机柜多少千瓦（或者每平方米多少瓦）表示。过去几年内，每机柜的能耗和冷却容量一直在稳步增长。服务器数量的增长和电子元件的发展导致能耗呈现指数性增长。每机柜的电源需求制约着数据中心能够支持的机柜数量，即使数据中心仍有富余空间，也会出现容量不足。

目前有多个指标可以协助判断数据中心的运营效率，这些指标分别适用于不同类型的系统。例如Cisco的IT部门采用每工作单元电源用量指标，而未使用每端口电源用量，因为后者没有覆盖某些用例。Cisco的IT部门还认识到，仅仅网络一个指标并不能代表整个数据中心的运营情况。这是Cisco加入绿色网格组织的原因之一，该组织致力于开发出适合整个数据中心的电源效率测量指标。*The Green GridMetrics: Describing Data Center Power Efficiency*中详细描述的电源使用效率（PUE）和数据中心效率（DCE）指标，是开始应对这一挑战的途径。典型情况下，数据中心耗电最大、电源效率最低的系统就是机房空调（CRAC）。在本书编写的时候，顶级的数据中心的PUE值在1.2/1.1左右，而典型的PUE值一般在1.8~2.5范围内。

布线也是典型数据中心运算的重要构成部分。无序的线缆增加会阻塞气流，导致空调解决方案变得复杂，从而限制数据中心的部署。全世界的IT部门都在寻找创新性的解决方案，好让他们能够经济高效地跟上这种快速增长。

（二）当前影响云/效用计算/ITaaS采用的障碍

很明显，大众对于当前的云产品缺乏信任，这是影响云计算被采用的主要障碍。没有信任，云计算的经济性和更高的灵活性就没有太大的意义。例如从工作负载安排的角度来看，如果提供的信息不透明，客户如何在成本和风险之间进行评估呢？透明性要求服务定义、审计、责任都有明确的定义。对行业所做的多个调研也证明了这点。Colt 技术服务公司 2011 年对首席信息官（CIO）进行的云调查表明，多数 CIO 认为安全性是影响云服务采用的一个障碍，这成为支持云服务的一个拦路虎。

Cisco 认为，对于云的信任集中在五个核心概念上。这些挑战使商业领袖和 IT 专家夜不能寐，而 Cisco 正在与合作伙伴一起解决以下这些问题：

1. 安全性问题

是否有足够的信息保障流程和工具可以保障企业数据资产的私密性、完整性和可用性。对多租户的担心、对有效地监控和记录能力的担心以及对安全事件透明性的担心，是客户最关注的问题。

2. 控制问题

在多租户模式和虚拟且不断变换的基础设施上，IT 部门能否保持直接控制和决定如何部署软件、在哪里部署软件、如何使用和销毁软件。

3. 服务水平管理问题

服务是否可靠，即能否得到合适的资源使用记录；能否对资源使用正确测量，并准确收费；每个应用程序能否得到必要的资源和优先级，确保应用程序在云中的运行符合预期容量规划和业务持续性计划。

4. 合规问题

云环境是否符合强制性的管制要求、法律要求、通用的行业要求，如 PCIDSS、HIPAA。

5. 互操作性问题

考虑到目前的公共云实际都是厂商私有的，可能会出现厂商锁定的风险。今天的互联网在企业界流行，部分原因是多穴（multihoming），它能够与拥有不同物理基础设施的多个互联网服务供应商连接，从而降低风险。

想要让人相信云解决方案是真正安全可信的，Cisco 认为这些云解决方案需要一个可靠的底层网络来支持云的工作负载。

为了解决数据中心的一些基本挑战，许多组织已经开始了探索，并将这一过程分为不同的运营（合并、虚拟化、自动化等）以及技术阶段（统一交换架构、统一计算等)。

准备采用云服务的组织通常会经历下面这些技术阶段。

(1)采用高可用的宽带 IP 广域网(通过 ISP 或者自建),以实现 IT 服务的集中和合并。将应用程序型的服务放在广域网顶层,以便智能化地管理应用程序的性能。

(2)采用虚拟化策略,进行服务器、存储、网络、网络服务(会话负载均衡、安全应用程序等)的虚拟化,在与位置无关的情况下给予服务实例更好的灵活性,进而使这类服务能够优化对基础设施的利用率。

(3)服务自动化,在变更控制方面实现更高的运营效率,最终为采用更经济的按需服务使用模型铺平道路。换句话讲,就是构建"服务工厂"。

(4)效用计算模型具有按使用量付费的方式对客户进行测量、分摊以及收费的能力。反馈也是一个流行的服务,即能够显示当前的实时服务和配额使用 / 消费情况,以及未来的趋势。这样客户就能了解并控制他们的 IT 使用情况。反馈是服务透明性的一个基本要求。

(5)通过公共框架建立新市场,公共框架将治理与服务技术融合,有助于对不同的服务产品和服务供应商的服务进行裁决。

下面将对这五个技术阶段进行详细介绍。

第一阶段:采用高可用的宽带 IP 广域网。

远程地点之间的高可用宽带 IP 广域网使得过去分布式(地理上的分布或从组织角度的逻辑分布)的 IT 服务改为现在的集中式,从而为这些 IT 资产提供更好的运营控制。

这个阶段面临的限制:许多应用程序都是按照在局域网上运行编写的,不是为了在广域网环境上运行编写的。如果不想重新编写应用程序,比较经济和理想的方法是利用能够感知应用程序的、通过网络部署的服务,为服务的最终使用者提供一致的体验质量。这些服务通常属于应用程序性能管理(APM)类程序。APM 包含的功能有对应用程序响应时间的可见性、对应用程序和分支机构带宽使用情况的分析、划分关键任务应用程序优先级的功能。

实现 APM 所需要的具体功能包括以下几个方面:

(1)性能监控,在网络(事务)和数据中心(应用程序处理)两方面。

(2)报告,例如应用程序 SLA 报告要求能够区分监控数据所处的服务环境,以便从预期性能参数或请求性能参数的角度理解这些数据。这些参数源于服务的所有者及其服务合同承诺的条款。

（3）应用程序可见性和控制，应用程序可见性和控制为服务供应商提供了动态的自适应的工具，用来监控和保证应用程序的性能。

第二阶段：采用虚拟化策略，进行服务器、存储、网络、网络服务的虚拟化。

市场上有许多支持服务器虚拟化的解决方案。虚拟化就是创建一个“沙箱”环境，将计算机的硬件从操作系统中抽象出来。对操作系统呈现的是通用的硬件设备，由虚拟化软件将信息传递给物理硬件（CPU、内存、磁盘和网络设备等）。这些“沙箱”环境也称为虚拟机（VM），其中包含操作系统、应用程序、物理服务器的配置。虚拟机与硬件是独立的，具备很强的移植性，所以能够在任何服务器上运行。

虚拟化技术也可以在其他领域使用，如组网和存储。局域网交换中就有虚拟局域网（VLAN）的概念，路由领域则虚拟路由和转发表。存储区域网络拥有虚拟存储网络（VSAN），NFS 存储虚拟化则有 vFiler 等。

但是，所有这些虚拟化都面临一个代价，即管理的复杂性。由于虚拟资源从物理资源中抽象出来，所以在控制效率，尤其在等式中加入伸缩这一因素之后，现有的管理工具和方法就不适用了。新的管理功能，不论是基础设施组件中隐含的，还是在外部管理工具中公开的，都需要为服务运营团队提供管理业务风险所需的可见性和控制。

基于 IEEE 数据中心桥接（DCB）标准的统一交换架构（Unified Fabric）是一种虚拟化的以太网。但是，这个技术统一了服务器和存储资源之间的连接方式，统一了应用程序交付和核心数据中心服务的提供方式，统一了服务器和数据中心资源之间相互连接以实现伸缩的方式，统一了服务器和网络虚拟化协作的方式。

作为虚拟机使用的补充，数据中心架构引入了虚拟应用程序（vApp），通过在新的虚拟基础设施中实现策略的强制执行，协助管理风险。感知虚拟机的网络服务，如 VMware 的 vShield 和来自 Cisco 的虚拟网络服务，允许向管理员提供能够感知虚拟机的租户所有权的服务，并强制执行服务域的隔离。Cisco 的虚拟网络服务解决方案也能感知虚拟机的位置。而且，这项技术允许管理员将服务策略与虚拟机容器内的应用程序的位置和所有权绑定在一起。

Cisco Nexus 1000V vPath 技术允许进行基于策略的流量“调用”vApp 服务，也称为策略执行点（Policy Enforcement Points，PEP），即使这些服务位于其他物理 ESX 主机上也可以。这是智能服务交换架构（Intelligent Service Fabric，ISF）的开始，在 ISF 中，基于 IP 或 MAC 的传统转发行为被“策略拦截”，并根据转发行为实例化服务链。

服务器和网络虚拟化的推动力主要来自物理服务器和网络资产合并以及更高利用率的经济收益。通过 vApps 和 ISF,可以根据需要调用网络上的服务和规划服务,不受传统流量控制方法的设计限制影响,这种效率上带来的收益再次改善了虚拟化的经济性。

虚拟化,或者说从底层物理基础设施中抽象出来这件事,为新型 IT 服务提供了基础,新型的 IT 服务从本质上更加动态。

第三阶段:服务自动化。

服务自动化与虚拟基础设施密不可分,是交付动态服务的关键驱动因素。从 IaaS 的角度来看,这个阶段意味着使用自动化的任务工作流程 —— 不论是业务任务还是 IT 任务。

传统情况下,因为要依赖基于脚本的自动化工具,成本太高,经济效率低下。脚本的本质就是线性的,更重要的是,脚本将工作流程、流程的执行逻辑和资产紧密地耦合在一起。换句话讲,如果架构师在响应某个业务需求时,需要修改某个 IT 资产、工作流程或者在工作流程步骤 / 节点中的流程执行逻辑,则必须编写大量的新脚本。这就像是用乐高玩具搭起一堵墙,最后将所有的部分都用胶水粘在一起,很多时候,比起在旧墙中替换或改动一些砖块,建一堵新墙会更容易,也更便宜。

两个重大发展让服务自动化变成更加经济、可行的选择。

基于标准的 Web API 和协议有助于减少集成的复杂性,重用能力也有助于降低成本。

可编程的工作流程、工具流程、流程的执行逻辑从资产解耦 / 抽象出来。现代的 IT 编排工具,如 Cisco 的 Enterprise Orchestrator、BMC 的 Atrium Orchestrator,允许系统设计师修改工作流程(包括调用和管理并行任务),插入新的工作流程步骤,或者通过可重用的适配器修改资产,一切无须从头开始。还是用高墙比喻,这种情况下,墙的每一个砖块都可以很容易地更换,不需要建一座新墙。

值得注意的是,如果要想让可编程服务自动化取得成功,还必须有第三个组成部分,即智能化的基础设施。通过这个基础设施,可以将底层设备配置语法的复杂性通过北行系统(Northbound System)管理工具抽象出来。这意味着上层管理工具只需要知道策略的含义。

一个实际的例子就是 Cisco 统一计算系统(UCS),它通过基于事务的单一富 XMLAPI (也支持其他 API)公开了它的单一数据模型。这个 API 支持对物理计算层进行策略驱动的使用。为此,UCS 通过应用程序网关在它的 XML 数据模型和底层硬件之间创建了一层抽象，由应用程序网站对策略语义进行必要的转换，在硬件组件上进行状态修改，如BIOS设置。

第四阶段：效用计算模型。

这个阶段加入了监视、测量、跟踪资源的使用情况，以实现云计算的分摊和收费。它的目标是实现服务的自主提供（对计算资源按需分配），实际就是将IT变成了公用服务。

在任何IT环境中，掌握资源的分配和使用情况都至关重要。测量这些资源并进行性能分析，从而实现成本效率、服务一致性，并提供后续需要的趋势预测、容量管理、阈值管理（服务水平协议，SLA）以及根据使用情况分摊费用等功能。

在今天的许多IT环境中，专用物理服务器及其相关的应用程序，以及维护和许可证的成本，都可以分摊到使用它们的部门身上，因此这类资源的收费相对简单。而在共享的虚拟环境中，实时计算每个使用者的IT运营成本则是一个亟待解决的挑战性问题。

按使用量付费，即根据服务的使用和消费情况对最终客户收费，公用事业、无线电话供应商之类的企业一直使用这种收费方式。因为IT部门要在基础设施、应用程序和服务上降低成本，按使用量付费在企业计算中日益获得接纳。

IT领导团队实施效用平台时的首要考虑的是：如果按使用量付费的承诺正在促进云服务的采用，那么服务的供应商如何跟踪服务的使用情况并根据使用情况计费呢？

IT供应商经常为收费解决方案的度量指标苦恼，因为这些指标不能十分正确地表达指定服务使用的所有资源。对于任何分摊解决方案来说，首要目标都要求对基础设施有一致的可见性，以便度量每个用户的资源使用情况，度量指定服务的服务成本。而现在需要结合多个解决方案，甚至开发自定义解决方案才能进行度量。

这样不仅需要投入前期成本，从长期来看，效率也不高。如果每增加一个服务或基础设施组件，IT供应商都要向度量系统中加入新功能，那么IT运营商很快就会被这项工作压垮。

虚拟聚合的基础设施及其关联抽象层的动态本质，虽然对IT运营有利，却增加了度量的复杂性。理想的分摊费用解决方案应该能够帮助企业将聚合基础设施上提供的服务和发生的成本真正分摊开来。

度量和分摊费用通常有以下商业目标：

（1）根据业务单元或客户来报告资源的分配和使用情况。

（2）开发一个准确的服务成本模型，将使用率分摊到每个用户。

（3）提供一个方法以管理IT需求、帮助进行容量规划、容量预测及预算安排。

（4）在合适的SLA性能基础上进行报告。

分摊和收费要求执行三大步骤：

第一步，收集数据。

第二步，分摊仲裁，即将从不同系统组件收集到的数据汇总成服务拥有者客户的一条收费记录。

第三步，收费和报告，即在收集到的数据上应用定价模型，定期生成收费报表。

第五阶段：通过公共的框架建立新市场。

根据主流经济学的观点，市场的概念指的是允许买卖双方交换任何类型的商品、服务以及信息的结构。以金钱（共同认可的交换媒介）为标的交换商品或服务构成了交易。

要想建立一个将IT服务当成任意交换的日用品来交换的市场，市场的参与者需要就公共服务的定义达成一致，或者在技术定义和业务定义上有一套共同的体系。市场参与者之间就流程和治理方式达成一致是必须的，将不同供应商/创作者的服务组件"混合"在一起来提供端对端服务的时候更是如此。

具体来讲，一个服务有两个方面。

（1）业务方面：业务方面对于技术来说是必需的，而技术方面对于交换和交付是必需的。业务部门需要产品定义、关系、担保和定价等。

（2）技术方面：技术方面需要履行、保障和治理等方面。

市场上会有不同的参与者分别承担不同的角色和角色组合，会有交换供应商（也称为服务聚合商或云服务中介）、服务开发人员、产品生产商、服务供应商、服务零售商、服务集成商，以及最终消费者（甚至生产使用者）。

（三）数据中心设计的发展

首先，我们来考察第2层物理拓扑（第2层物理拓扑，即OSI参考模型中第2层的网络拓扑，称为链路层网络拓扑。网络拓扑发现是网络管理的基本工作，从底层看是交换机之间的连接关系。只有物理拓扑才能准确地定位网络中的故障，精确地测定某个位置的性能和状态）和逻辑拓扑的发展。由左至右，从数据中心功能层的活动接口数量可以看到物理拓扑的变化。这个发展对于支持目前和未来的服务用例来说是必需的。

虚拟化技术和集群解决方案目前都要求使用第2层的以太连接才能正常发挥功

能。随着这类技术在数据中心的使用日益增多，现在要在不同的数据中心地点之间从高度可伸缩的第3层网络模型转移到高度可伸缩的第2层模型。这种转变给管理大型第2层网络的技术带来了变化，包括从使用生成树协议（STP）作为主要环路管理技术迁移到新技术，如vPC和IETF的TRILL（Transparent Inter connection of Lots of Links,大量链路的透明互联）。

在早期的第2层以太网络环境中，必须开发出相关协议和控制机制来控制网络拓扑环路的灾难性后果。STP是这一问题的主要解决方案，它为第2层以太网络提供了环路检测和环路管理功能。这个协议已经有了许多增强和扩展，虽然现在已经能够处理非常庞大的网络环境，但仍有一个不太优化的原则：如果要破坏网络环路，则不论在网络中实际可能存在多少连接，两个设备之间只允许有一个活动路径。虽然STP对于解决第2层网络的冗余来说是个强大而且可伸缩的解决方案，但只允许单个逻辑链路这件事会造成以下两个问题：一是可用的系统带宽中有一半（甚至更多）不能用来传输；二是活动链路发生故障时，由于网络需要重新计算在第2层网络上进行网络转发的“最佳”解决方案，会导致在全系统范围内出现长达数秒的数据丢失。

虽然对STP的增强降低了重新发现过程的开支，使第2层网络可以更加迅速地重新聚合，但对某些网络来说，中间的延迟仍然太长。另使用STP进行环路管理时，仍缺乏一种高效的机制可以充分利用健康网络中的全部可用带宽。

对第2层以太网络早期的一个增强是端口隧道技术（现在已经标准化成IEEE802.3的Port Channel技术），在这项技术中，两个参与设备之间的多个链接可以使用两台设备之间的全部链路转发流量，内部使用的一种负载均衡算法可以在可用的交换机互联链路间平衡流量，同时将这些链路捆绑成一个逻辑链路，以便管理环路的问题。这个逻辑结构可以防止远程设备将广播帧和单播帧转发回逻辑链接，从而打破网络中实际存在的环路。端口隧道技术还有另外一个重要的好处：能够在不到一秒的时间内解决链路丢失问题，解决过程中没有流量损失，对于活动的STP拓扑也没有影响。

传统的端口隧道通信只能在两台设备之间建立端口隧道。在大型网络中，通过为多台设备提供支持，以提供某种硬件形式的故障备用路径，通常在设计上是一项基本要求。备用路径的连接方式通常会形成环路，也就是端口隧道技术的优劣限制到了单一路径上。为了克服这个限制，Cisco的NX-OS软件平台提供了称作虚拟端口隧道（virtual Port Channel，vPC）的技术。虽然充当vPC对等端点的一对交换机对于连接到端口隧道的设备来说看起来就像一个逻辑实体，但充当端口隧道逻辑端点的仍然是两台独立的设备。这个环境结合了硬件扎实的优势和端口隧道环路管理的好处。而转移到全部基于端口隧道进行环路管理的另外一大优势是：链路的恢复速度会非常快。STP 从链路故障恢复大约需要 6 秒，而全部基于端口隧道的解决方案能够做到在 1 秒之内完成故障恢复。

虽然 vPC 不是提供这个解决方案的唯一技术，但相比之下，其他解决方案总是有许多效率不高的地方，从而削弱了它们的实用性，尤其是在密集的高速网络的核心层或分布层中使用时。所有多机箱端口隧道技术在充当端口隧道端点的两台设备之间仍然需要直接链路。这个链路的带宽通常要比连接到端点对的 vPC 的聚合带宽小许多。Cisco 技术通过专门的设计将这个 ISL 的用途限定在交换管理流量以及偶尔来自故障网络端口的流量。其他厂商的技术在规模上极为有限，因为它们需要使用 ISL 来控制流量，消耗了几乎对等设备数据吞吐率的一半。对于小的环境来说，这种做法可能合适，但对于可能存在几 TB 数据流量的大数据环境来说，这种做法就非常不明智了。

IETF 的 TRILL 是基于第 2 层拓扑的新功能。通过 Nexus 7000 交换机，Cisco 已经支持了 TRILL 成为标准前的一版协议，称为 FabricPath，使客户在 IETF TRILL 标准流行之前就能从这项协议受益（为了让 Nexus 7000 交换机从 Cisco FabricPath 迁移到 IETF TRILL 协议，已经计划了一个简单的软件更新进程。换句话讲，不需要进行硬件升级）。一般将 TRILL 和 FabricPath 称为“第 2 层多路径（Layer 2 Multi-Pathing，L2MP）”。

L2MP 对于运营有以下好处：

在第 2 层 DC 网络上支持第 2 层多路径（最多 16 个链路）。这为客户机到服务器（北到南）、服务器到服务器（西到东）流量都提供了更大的跨区域带宽。

提供了内置的环路防止和缓解机制，无须使用 STP。会显著降低了 STP 这类不以拓扑为基础的协议的日常管理和故障排除工作的运营风险。

为未知的单播、正常的单播、广播和多播流量提供单一的控制。

更大的 OSI 第 2 层域增强了 FabricPath 网络的移动性和虚拟化。由于需要配置和管理的服务依赖项更少，所以有助于简化服务自动化工作流程。

（四）数据中心网络服务和结构的发展

1. 数据中心网络 I/O 的虚拟化

从提供方的角度来说，向聚合 I/O 基础设施结构的转移是网络技术当前发展的自然结果，现在一个结构就拥有足够的吞吐量、足够低的延迟、足够的可靠性，而且成本足够低，对于数据中心网络来说，这是一个经济可行的解决方案。

从需求方的角度来说，多核 CPU 在虚拟计算基础设施发展中的普及，增加了对数据中心访问层的 I/O 带宽的需求。除了带宽，虚拟机的移动性也对服务依赖项提出了灵活性的要求。统一 I/O 基础设施结构支持将覆盖服务（Overlay Service）抽象出来，从而支持灵活性要求的架构原则，即“连线一次，任何协议，任何时间”。

从策略的执行角度来看，在虚拟网络基础设施和物理组网之间的抽象，会对服务流量的端到端控制带来挑战。虚拟网络链路（Virtual Network Link，VN-Link）是 Cisco 提供的一套基于标准的解决方案，这个解决方案支持将基于策略的网络抽象将虚拟网络策略域和物理网络策略域重新组合在一起。

Cisco 及行业内的其他主要厂商编制了一个 IEEE 标准方案，用以解决虚拟环境中的组网挑战。形成的标准体系是 IEEE 802.1Qbg 的边际虚拟桥接（Edge Virtual Bridging）和 IEEE 802.1Qbh 的桥端口扩展（Bridge Port Extension）。

数据中心桥接（Data Center Bridging，DCB）架构的基础是 IEEE 802.1 工作组开发的一组开放标准的以太网扩展，它可以提高和扩展数据中心以太网的组网功能和管理能力。它可以确保在不丢包的结构上进行传输，并将 I/O 聚合成统一的结构。这个架构的每个元素都能增强 DCB 实现，创建满足数据中心当前和未来需求的架构。

IEEE DCB 在传统以太网优势的基础上添加了几项关键的扩展，提供了数据中心网络的下一代基础设施，形成了统一交换架构。下面将逐一介绍 DCB 架构构建能够满足当今日益增长的应用程序需求，以及响应数据中心未来网络所需的强大以太网络的主要功能。

支持链路共享的基于优先级的流控制（PFC），这对 I/O 聚合至关重要。链路共享要获得成功，一种流量类型的巨大突发不得影响其他流量类型，来自一种流量类型的巨大流量队列不得争抢其他流量类型的资源，而且针对一种流量类型的优化不得造成少量其他流量类型消息的高延迟，所以可以使用以太网的暂停机制来控制一种流量类型对另外一种流量类型的影响。PFC 是对暂停机制的增强。PFC 支持根据用户的优先级或服务的类型进行暂停。一条物理链路被分成 8 个虚拟链路，使用 PFC 能够在单一虚拟链路上使用暂停帧，并且不影响其他虚拟链路上的流量（传统的以太网暂停选项会将一条链路上的全部流量都停止）。基于用户优先级的暂停允许管理员为要求不丢包的服务创建没有丢失的链路，如光纤通道以太网（Fibre

Channel over Ethernet，FCoE），并保持对 IP 流量的丢包拥塞管理。

同一 PFC 类内的流量可以组合在一起，同时在每一组内分别对待。ETS 可以根据带宽分配、低延迟划分优先级或尽力处理，从而形成在每一组内的流量类型划分。对虚拟链路的概念进一步扩展，网络接口控制器（NIC）也提供了虚拟接口队列，每类流量一个队列。每个虚拟接口队列各自负责给它的流量组分配的带宽，但组内拥有动态管理流量的灵活性。例如给 IP 类流量的虚拟链路 3（共 8 个）指派高优先级，IP 类流量指派尽力处理，虚拟链路 3 类按预定比例与其他流量类共享总体链路。ETS 支持对同一优先级类型的流量进行区分，形成优先级分组。

除了 IEEE DCB 标准，Cisco Nexus 数据中心交换机还有 FCoE 多跳功能和无损结构等方面的增强，支持统一交换架构（Unified Fabric）的构建。

为了避免混淆，要注意聚合增强以太网（Converged Enhanced Ethernet，CEE），这个术语是由“CEE 发起人”定义的，这是个临时性组织，由 50 余名开发人员组成。这些开发人员来自各类网络公司，这些公司在 IEEE 802.1 工作组完成 DCB 标准之前向 IEEE 提交了标准预备方案。

FCoE 是光纤通道组网和小型计算机系统接口（SCSI）块存储连接模型的下一步发展。FCoE 将光纤通道映射到第 2 层以太网，允许将局域网流量和 SAN 流量组合到一个链路内，允许 SAN 用户充分利用以太网的规模经济性以及路线图。局域网流量和 SAN 流量在一条链路上的组合，称为统一交换架构（Unified Fabric）。统一交换架构消除了适配器、网线、设备，带来的节约可以延长数据中心的寿命。FCoE 提供的标准服务器 I/O 提高了进行服务器虚拟化的动力，标准服务器 I/O 支持局域网以及所有基于以太网的存储组网方式，消除了数据中心的特殊网络需求。开发 FCoE 标准的行业主体与创建、维护所有光纤通道标准的主体是相同的标准主体。FCoE 在 INCITS 之下，被编定为 FC-BB-5。FcoE 是革新性的技术，它与现有的光纤通道兼容，只在功能上做了发展。FCoE 可以分阶段实现，不破坏目前已安装的 SAN。FCoE 只是在以太网上为完整的光纤通道帧建立了隧道。通过帧的封装和解封装策略，帧在 FcoE 和光纤通道端口之间的迁移没有额外开支，从而与现有的光纤通道建立起连接。

2. 网络服务的虚拟化

应用程序的网络服务，如负载均衡器、广域网加速器，已经是现代数据中心不可或缺的组成部分。第 4—7 层的服务可以提供服务的伸缩性，提高应用程序性能，提高最终用户的生产率，通过优化的资源利用率来降低基础设施成本，并能监视服务的质量。它们还提供安全服务，即策略执行点（PEP），如防火墙和入侵检测保护系统与其他控制机制和强化过程一起，在聚合的数据中心和云环境中将应用程序和资源隔离开来，确保实现合规性并降低风险。

但是，在虚拟数据中心部署第4层到第7层服务是个极为艰苦的任务。传统的服务部署方式完全不适合伸缩性极高的虚拟数据中心设计，后者的工作负载是移动性的、网络是动态的，并且有严格的SLA。仅安全一项必备服务就被频繁地当成企业采用节约成本的虚拟化和云计算架构的最大挑战。

Cisco Nexus 7000系列交换机可以根据业务需要划分为多个虚拟设备，这些划出来的虚拟交换机称为虚拟设备上下文（Virtual Device Context，VDC）。配置出来的每个VDC对于连接到这个物理交换机上的每个用户来说，都是单独的一台设备。因此VDC能够真正实现网络流量的分段，实现上下文级别的故障隔离，并建立独立的硬件分区和软件分区来进行管理。VDC在交换机内作为独立的逻辑实体运行，维护自己的一套运行软件进程，有自己的配置，由独立的管理员管理。

VDC具有以下的可能用例：

①为多个部门的流量提供安全的网络分区，允许部门独立地管理和维护它们自己的配置。

②消除数据中心原有的众多层次，在资产开支和运营开支上降低总体成本，提高资产利用率。

③在生产网络中，可以在隔离的VDC上测试新的配置选项或连接选项，这可以大大节省服务部署的时间。

（五）数据中心内的多租户

数据中心内的多租户是指能够在许多利害关系人和客户之间共享单个物理和逻辑基础设施组的功能。这不是什么革命性的内容，像多协议标签交换（Multi-Protocol Label Switching，MPLS）技术，很早就在广域网（WAN）中建立了出色的将不同客户隔离开的运营模型。因此，数据中心的多租户模型只是对现有成熟范式的发展，只是增加了一些技术，如VLAN、虚拟网络标签（VN-Tag）与虚拟网络服务结合。

除了多租户，架构师还要考虑如何提供多层应用程序以及相关的网络设计和服务设计，包括从安全角度考虑的多区域功能。换句话说，要构建安全的、功能正常的服务，架构师要考虑多种功能需求。

这里的挑战是要能将必需的服务组件串在一起，构成一个交付端到端服务属性的服务链（法律上由服务水平协议SLA规范化），而这也正是最终客户期望得到的。

这项工作必须在应用程序分层设计和安全分区需求的上下文环境内完成。

20世纪80年代，针对理论物理学中格点规范的繁重计算，有人提出将各地的计算机主机联网进行协同计算，那时的网络是指早期的DECnet。随着Internet的迅速发展，21世纪初高能物理等领域科学计算的需求促使了网格技术的诞生，就像WWW网站实现了全球的信息资源共享一样，网格技术可以实现全球范围的计算机CPU、存储能力与数据等资源的共享，从而使“CPU与存储资源可以像自来水与电力一样使用”的设想变成了现实。

网格计算有着强大的生命力，这自然会让人想到其在商业与社会的各个领域中的应用，但是安全问题导致这种商业应用迟迟未能实现。直到这几年，它才得以“云计算”的形式面世。云计算概念的出现立即引起了商业推动的热潮，它所提供的服务可能是强有力的，但安全问题依然是其应用过程中的最大障碍。可以说网络的双刃剑从来没有像今天这样锋利。

云计算的时代，互联网的安全防范在某些方面被改善，在某些方面却被弱化了。例如，用户端的安全维护可能得以简化，但集中的“云”端承受着更大的安全威胁。云计算服务能否实现对信息安全事件的应急处理依然是许多专家没能说清楚的。

我国正在推动信息化与云计算的发展，它的终极目标应该与增强国民经济、科研教育和国家安全紧密结合。有志者事竟成，但如果我们对云计算自身的安全保障仍然是滞后的，甚至对可能的网络安全威胁估计不足，那么我们云计算的基础设施所承载的风险将是灾难性的，其结果只能是事倍功半。

（六）云计算的演变

为了理解什么是云计算以及什么不是云计算，了解这种计算模式的演变过程是很重要的。阿尔文·托夫勒在其名作《第三次浪潮》（*The Third Wave*）中写道，文明以浪潮的方式进步（三次浪潮分别为农业社会、工业时代、信息时代），每波浪潮中又有几个重要的子波。在如今的后工业化信息时代，很多人认为人类正处于云计算时代的开端。

在尼古拉斯·卡尔所著的《IT不再重要：互联网大转换的制高点——云计算》中，卡尔讨论了与工业时代的重要变革十分类似的信息变革。具体来说，卡尔把信息时代云计算的诞生视为与工业时代电力的出现同样重要。在过去，机构需要为自己提供能源供应（通过水车、风车），随着电力的出现，机构不再需要自身供应能源，而是接入到电力网络中。卡尔认为云计算也是信息技术中同样的变革。当前机构需要自身提供计算资源（能源），而在将来，机构可以接入到云计算（计算网格）中以获得所需的计算资源。正如卡尔所提出的,"到最后由于使用这些实用工具而节约的开销将会令人无法抗拒,即使是大企业也是一样。计算网格便从此胜出了"。他著作的第2部分讨论了"生活在云计算里"以及云计算所带来的益处。卡尔也用相当的篇幅讨论了这个巨大的转变可能对社会产生的负面效应,尤其是因此而出现社会阴暗面。

卡尔不仅提出了云计算是有益的,他对于这些益处的表述可能也是目前为止最清晰的。他专门集中讨论了云计算带来的经济效益,却没有谈及这个巨大转变相关的信息安全问题。

起初(ISP 1.0),互联网服务提供商发展迅猛,为组织和个人提供互联网接入。这些早先的互联网服务提供商仅仅为用户和小企业提供互联网的接入,往往是提供通过电话拨号的上网服务。随着互联网接入商品模式化,互联网服务提供商发展壮大并寻找其他的增值服务,如通过其设施提供电子邮件应用以及对服务器的访问(ISP 2.0)。这种形式很快衍生出为组织(用户)的主机服务器而特别定制的设施,以及用以提供支持的基础设施和在上面运行的应用程序。这些特别定制的设施称为托管设施(ISP 3.0)。这些设施是"一类可供多个用户安置其网络、服务器及存储设备,并以最小的代价和复杂度实现了与相当多的电信及其他网络服务提供商之间的交互功能的数据中心"。随着托管设施的激增以及商品化,接下来演化到应用服务提供商(ASP)形式。这种形式(ISP 40)不仅提供计算的基础设施,还集中为组织提供定制应用这样的高增值服务。应用服务提供商通常拥有并运行他们所提供的软件程序以及所需要的基础设施。

尽管应用服务提供商(ASP)在云计算的服务交付模式(软件即服务)上可能有相似性,在服务的提供以及业务模式上却有重大不同。虽然应用服务提供商通常为众多用户提供服务(就像如今的 SaaS 提供商),但这些服务是通过专用的基础设施实现的。也就是说,每个用户都有其专用的应用程序实例,而这些实例也通常运行在专用的主机或者服务器上。SaaS 提供商和应用服务提供商的显著区别在于 SaaS 提供商提供的应用程序接入在共享的基础设施上,而并非在专用的基础设施上。

SaaS 既是软件即服务也是安全即服务的缩写。

云计算(ISP 5.0)定义了 SPI 模式,也就是公认的几种交付模式:软件即服务、平台即服务,以及基础设施即服务。

随着对云计算的关注和宣传,越来越多的企业都宣称其业务是基于"云计算"的,或声称运行在"云计算"中。不仅如此,云计算带来的变革还在进行中。类似地,一些计算组织通告了他们为推动云计算的某些层面所做的工作。这类组织有的是早先成立的，有的是新近成立的，也就是随着云计算这种新的计算模式的出现而诞生的组织。很多其他组织也对云计算做出了贡献，如分布式管理任务组（DMTF）、美国信息技术协会、Jericho论坛等。

云计算是个新兴的快速发展的模式，新的内容和功能正在不断涌现。尽管笔者已在后面章节中对云计算的这些相关方面进行全面和及时的分析，但无疑会存在某些未涉及的方面，或者某些内容已经发生了变化。

云计算的宗旨是使我们利用计算、服务和应用这些计算机资源像使用一种公共设施那样方便快捷，需要资源或者服务的时候，都能唾手可得。

云计算的重要组成部分是计算中心和数据中心，云计算这种商业模式对我们来说是全新的形式。通过实施一系列技术包括WEB2.0、SOA和虚拟化等，使之形成新型计算平台，这个计算平台是分布式的。云计算平台通过高速互联网提供给企业用户或者个人用户想拥有的计算能力，这样就避免了硬件的大量浪费。从平台的层面来描述，云计算仅是一个流行术语。云计算还是一种强大的应用程序，其前提是要经过扩展后方可在互联网上进行访问。这样的云应用程序是通过将Web7 Service和Web应用程序等托管给强劲的服务器和大型数据中心来实现运行的。云计算的应用（包括运行网络应用程序与网络服务）依靠通过使用功能强劲的服务器和大规模的数据中心来实现。任一用户要想访问一个云计算应用程序都需要满足两个条件：一是找合适的互联网，通过它来接入设备；二是找一个标准的浏览器。

云计算是多种技术相互融合的产物，它的发展十分迅速。国内外许多公司，如Google、Amazon、微软、IBM等，都建立了自己的云计算平台。

Google是目前云计算最大的用户。在全球200多个地方，Google有100万余台服务器，这些服务器的服务便是利用云计算来完成的。由GFS数据存储系统、Bigtable分布式数据库和Python应用服务器这三个重要组成部分组成的Google App Engine就是Google提出的自己的云计算平台，以便它的研发人员在平台上面研发他们自己的程序。

EC2和S3是Amazon公司主要的云计算技术。他们的云计算平台就是EC2。这个云计算平台不但有很高的灵活性、易用性、容错性和低成本性，而且能够提供给用户包括SSH访问和防火墙等许多安全措施。用户可以通过各种接口，获得包括删除、增加和创建实例在内的各种预期或者理想的服务。Amazon公司的飞速发展正得益于该项技术，在短时间里，Amzon公司的用户增加到44万人，业务收入高达一亿美元。可以说，云计算在Amazon公司获得了飞快的发展。

Windows Azure 操作系统是微软公司于 2008 年 10 月建立的一个基于云计算技术的操作系统，用户首先需要下载一个客户端软件，并使用该操作系统通过网络传媒访问微软公司运行所需的数据或者应用程序的数据中心，Windows Azure 云计算平台支持并行运行一些用户的大型应用程序，在 Internet 上直接管理 Web 应用程序，而且能够将分散的处理能力融合成一个统一体。

IBM 公司的云计算发展也相当快。主要针对企业用户的云计算解决方案“蓝云”计划就是 IBM 公司于 2007 年提出的。RDF（Request Driven Provision）项目给“蓝云”提供了重要的参考。“蓝云”计划是在系统和服务还有 IBM 软件的基础的能用 SaaS、PaaS 或 IaaS 的多种形式来对各种软、硬件资源实施管理的一个云计算的管理平台。“蓝云”能提供一个集管理、备份等均高度自动化和统一于一身的运行方式给客户。随着 IBM 公司云计算的不断发展，他们提出了名为“5+1”的云计算解决方案。“5+1”中的“5”表示包括企业数据中心云、软件测试开发云、高性能云、SaaS 云和创新协作云在内的五种可以定制的服务。“1”则暗指一个云计算环境，这个云计算环境需要满足的一个条件是能够实施快速的部署。在那之后，IBM 公司还推出了以“智慧的地球”命名的先进发展方向。目前，IBM 公司已经将自己的云计算中心遍布全世界的 14 个城市及地区。

一些相关的机构和权威专家已经预见，在接下来的几年里，云计算产业仍将会保持高速发展的态势，并波及信息通信产业，全世界范围内将迎来信息通信产业的又一个春天。

近年来，全世界日益增多的信息技术产业大客户陆续跻身云计算的服务当中，随之而来的是云计算技术的转变，这个转变从最开始的完全抽象的期望转变成了当今全世界的企业发展的必经之路。与此同时，云计算技术的不断发展、完善也给我国整个信息技术行业的发展带来了巨大的机遇和挑战。

IBM 公司于 2008 年 5 月 10 日在无锡的太湖新城科教产业园成立了我国首个云计算中心。一个月以后，IBM 公司在中国的第二家云计算中心在北京上马，并列为“IBM 大中华区云计算中心”。同年 11 月 25 日，云计算专家委员会由中国电子学会专门成立；次年 5 月 22 日，在北京中国大饭店，由中国电子学会举办的第一届中国云计算大会隆重召开。2008 年底，阿里软件即阿里巴巴集团旗下子公司正式与南京市政府签订了下一年的协议，该协议主要是围绕着战略合作的框架签署的，并在 2009 年初在南京建立了我国第一个电子商务云计算中心。

中国移动研究院对于云计算的研究也相当早。“大云”是这项云计算计划的基础，从 2007 开始，中国移动研究院的研究开发工作主要围绕着“大云”计划进行云计算，同时“大云”的规模也跟着一步一步地发展起来。“大云”规模的扩大包括 PC 服务器由最开始的 256 台发展到 1000 余台，CPUCore 也由最初的 1000 个发展到 5000 个，由最初存储组成 255TB 的实验平台发展到有着 3000TB 的存储规模的“大云”实验室。中国移动前董事长兼首席执行官王建宙表示，云计算和互联网未来的发展趋势必将是移动化的。为数众多的信息技术企业和客户争先恐后地到云计算领域来占领先机。我国包括联想、华为和用友等在内的信息技术的领导厂商，在明确了各自的定位以后，已在 2010 年末陆续发表了自己的云战略，这对我国其他信息技术企业起到了先锋表率的示范作用。

云计算的海量数据存储和分布计算，为云计算环境下的海量数据挖掘提供了新的方法和手段，有效解决了海量数据挖掘的分布存储和高效计算问题。通过开展基于云计算特点的数据挖掘方法的研究，可以为更多、更复杂的海量数据挖掘问题提供新的理论与支撑工具。而作为传统数据挖掘向云计算的延伸和丰富，基于云计算的海量数据挖掘将推动互联网先进技术成果服务于大众，促进信息资源深度分享和可持续利用的新方法、新途径。

第二节　Hadoop 平台

Hadoop 不是一个缩写字，而是一个虚构的名字，它是由 Apache Lucene 创始人道格·卡廷开发的文本搜索库，它最初是基于开源搜索引擎项目 Nutch 开发的，现在是 Apache 的一个开源项目，在很多大型互联网网站都有应用，比如 Amazon、Facebook。Hadoop 最出名、最典型的就是 Map Reduce 和分布式文件系统（Hadoop Distributed FileSystem，简称 HDFS，从 NDFS 改名而来）Map Reduce 就是任务的分解与汇总，而 HDFS 用来存储分布式计算的数据。

一、Hadoop 平台相关知识的介绍

现有的云计算平台已趋于成熟，像 Google App Engine 与 Amazon Elastic Compute Cloud 等，基于云计算实现的应用可以方便地部署使用其计算资源。数据存储方面，Google Bigtable 与 Amazon Simple Storage Service 为实现海量数据的分布式存储与访问提供了支持。云计算平台的商业化发展为实现数据挖掘系统提供了很好的底层架构支持。本节提出的系统的实现是基于 Google App Engine，下面

将主要介绍 Google App Engine 各方面的特点。

作为新一代的基于云计算的网络程序开发平台，Google App Engine 使用户可以在 Google 的基础架构上开发与运行网络应用程序。Google App Engine 应用程序易于构建和维护，并可根据用户访问量和数据存储需要的增长轻松扩展。使用 Google App Engine 将不再需要维护服务器，开发者只须上传其应用程序，它便可立即为用户提供服务。开发者可以与全世界的人共享应用程序，也可以限制为只有授权用户成员才可以访问。

应用程序环境方面，通过 Google App Engine，即使在重载和数据量极大的情况下，也可以轻松构建能安全运行的应用程序。该环境包括以下特性：

（1）动态网络服务，提供对常用网络技术的完全支持。

（2）持久存储与查询、分类和事务。

（3）自动扩展和载荷平衡。

（4）用于对用户进行身份验证和使用 Google 账户发送电子邮件的 API。

（5）一种功能完整的本地开发环境，可以在计算机上模拟 Google App Engine。

（6）Google App Engine 应用程序是使用 Python 编程语言实现的，运行时环境包括完整 Python 语言和多数 Python 标准库。

目前，Google App Engine 支持 Python 语言和 Java 语言，将来它将支持更多语言。

在安全性方面，Google App Engine 引入了 Sandbox 技术。在安全环境中运行的应用程序，仅提供对基础操作系统的有限访问权限。这些限制让 App Engine 可以在多个服务器之间分发应用程序的网络请求，并可以启动和停止服务器以满足访问量需求。Sandbox 可以将用户的应用程序隔离在它自己的安全可靠环境中，该环境与网络服务器的硬件、操作系统和物理位置无关。

安全 Sandbox 环境的限制实例包括以下三点：

（1）应用程序只能通过提供的网址获取电子邮件服务和 API 访问互联网中的其他计算机。其他计算机只能通过在标准端口上进行 HTTP（或 HTTPS）请求来连接至该应用程序。

（2）应用程序无法向文件系统写入。应用程序只能读取通过应用程序代码上传的文件。该应用程序必须使用 App Engine 数据库存储所有在请求之间持续存在的数据。

（3）应用程序代码仅在响应网络请求时运行，且必须在几秒钟内返回响应数据。

请求处理程序在响应发送后不能产生子程序或执行代码。

在应用程序开发与运行语言环境方面，App Engine 提供了一个使用 Python 编程语言的运行环境。将来的版本将考虑使用其他编程语言和运行环境配置。Python 运行环境使用 Python2.5.2 版，该环境包括 Python 标准库。Python 环境为数据库、Google 账户、网址获取和电子邮件服务提供了丰富的 Python API。App Engine 还提供了一个称为 webapp 的简单 Python 网络应用程序框架，从而可以轻松构建应用程序。方便起见，App Engine 还包括 Django 网络应用程序框架 0.96.1 版。只要这些库是完全使用 Python 实现并且不需要任何不受支持的标准库模块，开发者就可以使用开发的应用程序上传其他第三方库。这也是本系统插件系统实现的技术保障，通过这项支持，数据挖掘平台的各种算法作为库可被动态更新与上传。

在数据库方面，App Engine 提供了强大的分布式数据存储服务 Big Table，其中包含查询引擎和事务功能。就像分布式网络服务器随访问量增加一样，该分布式数据库也会随数据而增加。该 App Engine 数据库与传统关系数据库不同。数据对象有一类和一组属性，查询可以检索按属性值过滤和分类的给定种类的实体。属性值可以是受支持的属性值类型中的任何一种。数据库的 Python API 包括一个可以定义数据库实体结构的数据建模界面，数据模型可以指示属性值必须位于给定范围内，如果未给定任何范围，还可以提供默认值。应用程序可以根据需要向数据提供或多或少的结构。数据库使用乐观锁定进行并发控制。如果有其他进程尝试更新某实体，而同时该实体位于以固定次数进行重新尝试的事务中，此时该实体将更新。应用程序可以在一个事务中执行多项数据库操作（全部成功或者全部失败），从而确保数据的完整性。数据库通过其分布式网络使用“实体组”实现事务。一个事务操作一个组内的实体。同一组的实体存储在一起，用以高效执行事务。应用程序可以在实体创建时将实体分配到组。

Google App Engine 云计算开发平台的上述特点使其可被用来开发高性能的数据挖掘应用程序，但数据本身具有噪声、异构等问题，而当前 Google App Engine 没有数据规约功能以访问异构数据，所以首先要做的是扩展其平台使其具有数据规约功能。

Hadoop 是 Google MapReduce 算法的开源实现，而 Map 和 Reduce 是执行 MapReduce 流程的两个主要部分。在启动了某个任务之后，根据各个节点的能力在集群上配置相对应量的 Map 进程，其中每个 Map 进程通过处理具有 key-value 特征的数据库产生处理结果，该结果是与一组 key-value 对形式出现的。在某个节点上，一个 Map 进程完成执行时，节点上会有一个新的 Map 进程被集群的 Hadoop 架构启动以处理下一个数据库，而 Reduce 进程的功能是通过合并每个 Map 进程的处理结果 key-value 对来执行计算的。

Hadoop 平台有自己的分布式系统，即 HDFS，它能处理海量数据。当数据上传到 HDFS 上后，NameNode 负责管理各个节点的文件访问。上传的大文件其实会被分成一个或多个 block，这些 block 存储在 DataNode 集合里，然后 DataNode 负责调用 Map 函数。Hadoop 平台中的 Map 函数负责处理局部的数据，通过对候选项集做本地统计后，然后把统计信息传到主节点，最后启动 Reduce 程序，它负责把 Map 函数的局部统计结果汇总，然后判断哪些是满足要求的候选项集即形成频繁项集。

MapReduce 并行编程模型具有强大的处理大规模数据的能力，因而是海量数据挖掘的理想编程平台。数据挖掘算法通常需要遍历训练数据获得相关的统计信息，用于求解或优化模型参数。该模型的一个优点是高度的抽象性，程序员编写该程序时，仅仅注意映射（Map）函数和简化（Reduce）函数即可。

MapReduce 框架的原理是通过用户自定义 Map 函数处理一组输入的〈key, value〉对集，计算出另一组同样用〈key, value〉对表示的中间结果集输出的〈key, value〉对集。MapReduce 库把 key 中间相同的 value 值聚集起来，发送给用户自定义接收中间 key 和其对应的 value 集合的 reduce 函数操作，reduce 函数对这些 value 值进行汇总处理后将结果输出。

这种编程模式使不懂并行分布式系统的程序员也能利用分布式系统，这是因为该方式写的程序能将并行化自动地实现在普通机上。

可以说，MapReduce 框架有很多不同的实现形式。它不但能通过 Hadoop 搭建许多台机器组成集群，还能在单个机器上对执行效果以及分布式环境进行模拟。

MapReduce 模型是由谷歌公司提出的并行编程框架，它首先为用户提供分布式的文件系统，使用户能方便地处理大规模的数据，然后将所有的程序运算抽象为 Map 和 Reduce 两个基本操作，在 Map 阶段模型将问题分解为更小规模的问题，并在集群的不同节点上执行，在 Reduce 阶段将结果归并汇总。MapReduce 是一个简单，但是非常有效的并行编程模型。MapReduce 根据“先分散运算后合并结果”的思想，将计算任务分为两个计算过程，即 Map 与 Reduce。MapReduce 首先把输入数据分割成若干，再由多个 Map 任务来并行地处理键值对〈key, value〉集，其中一个集合划分对应一个 Map 任务。MapReduce 再对 Map 的输出排序，并把相同的键的值聚集在一起作为下一个 Reduce 的输入，输出计算最终结果。

MapReduce 有不错的容错机制，这是因为它支持千百台机器并发处理。MapReduce 的容错机制有两类，即主控节点失效与工作节点错误。

我们常常在主控节点数据结构上设置检查点，这些检查点是周期性的，以便主控节点失效时也能从最后一次的检查点重新开始运行。但是只有一个主控节点在运行的话，失效的时候也很难处理。实际应用中，一旦主控节点失效，MapReduce 操作要重新执行一遍。

主控节点向工作节点发送的探测命令是周期性的。一旦某段时间工作节点没有反馈，该工作节点就被主控节点判断为失效，并且该工作节点完成的 Map 任务状态也被置为空闲状态，空闲状态的 Map 任务就能在别的工作节点工作。在该节点运行所有的 Reduce 或 Map 任务都会失效，并被设置成空闲状态以安排新的工作节点。

MapReduce 能有效地支持非常大范围内的节点失效。在 MapReduce 操作中，网络例行维护的后果是数十台机器在几分钟内不能够访问。MapReduce 最终能完成操作是靠 MapReduce 的主控节点将不能访问的节点上的工作重新执行、继续调度进程来实现的。

MapReduce 是一个在 Hadoop 平台上以容错并可靠的方式并行处理数据集的、操作简易的软件框架，该框架执行着任务的监控和调度工作，对于已经失败了的任务还能重新执行。

（1）MapReduce 任务是在不用了解文件的内部逻辑结构的情况下，按照自己指定的或者使用 Hadoop 已定义的分割模式将输入数据集分割成若干个相互独立的数据块，以便 Map 操作能以完全并发的方式进行。

（2）在每个 Map 任务开始执行时，InputFornat 类就对输入的文件进行分析然后产生 <key, value> 对。同时 Mapper 类（用户自定义）对这个 <key, value> 对进行任意的操作。操作完成就调用 OutPutCollect 类重新聚集自定义的键值对（键与值的类型可以不与输入时的相同）。因为以 SequeneeFile 的形式将 Map 的输出结果写入磁盘，因此产生的输出也一定是 Key 类和 Value 类各一个。

（3）当每一个 Map 都完成分析任务后，会优先在本地做 Reduce 工作以减小 Redcue 中数据的传输量的作用的 Combiner 是选择配置。Partitioner 也是可以选择的。它的作用是在中间结果未被传送到自定义的 Reduce 类操作时，以 HashPartitioner 类用 key 类的哈希函数产生的哈希值来对中间结果进行分区。为保证相同样的 key 被传给对应的 Reducer 类处理中，它把每个 Map 中间文件中计算结果相同的键值对聚合到同一个文件中。

(4)Reduce 的任务是具体的业务逻辑执行,它把处理得到的结果输出给起验证作用的 OutputFormat 类。只要验证的两项都通过,OutputFormat 类就会输出 Reduce 汇总后的处理结果。

Hadoop 框架在 MapReduce 运行过程中通过 Reporter 类把进度信息和应用级状态消息报告并设置出来。应用程序框架有一个主控(JobTracker),各个工作节点上都有不同阶段监控各自的 Task,TaskTrackenJobClient 通过 Jobconf(用户描述给 Hadoop 框架 MapReduce 任务怎样执行的主要接口)把工作任务交给主控 JobTracker。根据 JobConf 描述,Hadoop 框架试着完成任务。JobTracker 要完成在工作节点的调度和周期性的监控,以及处理失败的任务。而 TaskTracker 的任务是操作 MapReduce,以及周期性地将进程信息提交给 JobTracker。

二、Hadoop 从何而来

自从 Google 工程师杰佛里·迪安提出 MapReduce 编程思想后,MapReduce 便在 Google 的各种 Web 应用中释放着魔力。也许出于技术保密的目的,Google 公司并没有透露其 MapReduce 的实现细节。

幸运的是,道格·卡廷开发的 Hadoop 作为 MapReduce 开源实现,让 MapReduce 这么平易近人地走到了我们面前。2006 年 1 月,道格·卡廷因其在开源项目 Nutch 和 Lucene 的卓越表现获邀加入了雅虎公司,专职在 Hadoop 项目上进行开发。

作为 Google MapReduce 技术的开源实现,Hadoop 理所当然地借鉴了 Google 的 Google File System 文件系统、MapReduce 并行算法以及 BigTable。因此,Hadoop 也是一个能够分布式处理大规模海量数据的软件框架,这不足为奇。当然,这一切都是在可靠性、高效性、可扩展性的基础之上的。Hadoop 的可靠性——因为 Hadoop 假设计算元素和存储会出现故障,并且维护多个工作数据副本,所以在出现故障时可以对失败的节点重新分布处理。Hadoop 的高效性——在 MapRdeuce 的思想下,Hadoop 是并行工作的,以加快任务处理速度。Hadoop 的可扩展性——依赖于部署 Hadoop 软件框架计算集群的规模,Hadoop 的运算是可扩展的,具有处理 PB 级数据的能力。

虽然 Hadoop 由 Java 语言开发,但它除了使用 Java 语言进行编程外,还支持多种编程语言,如 C++。

Hadoop 的长期目标是提供世界级的分布式计算工具,这也是对下一代业务提供支持的 Web 扩展(web-scale)服务。

Hadoop 具有以下几个优势:

（1）扩容能力强，Hadoop 的根本就是存储的扩展性和计算的扩展性。

（2）成本低，Hadoop 框架无需昂贵的服务器，普通计算机也可以正常运行。

（3）可靠性高，Hadoop 采用的分布式文件系统和 MapRdeuce 的任务监控，在一定程度上保证了系统的备份恢复机制和分布式处理的可靠性。

（4）效率高。数据交互的高效性以及 MapRdeuce 的处理模式，可以在数据所在的节点并行处理，为海量信息的高效处理做了铺垫。一台独立物理计算机的存储能力往往有限，日益剧增的数据集已经超过了普通物理机的存储空间，必须把它分布地储存在多个独立的物理计算机中，用来管理网络中各个存储节点的文件系统就叫作分布式文件系统。

Hadoop 的 HDFS 就是为了存储超大文件而出现的文件系统，现有的 Hadoop 集群已经能处理 PB 级的数据。HDFS 既具有传统分布式文件系统的特点，也有着与传统分布式文件系统不一样的地方。HDFS 的容错性高，可以部署在普通的计算机上，而且 HDFS 具有高吞吐量，能够高效地处理海量数据集。HDFS 的特点如下：

（1）鲁棒性。Hadoop 平台一般都搭建在普通的计算机上或者低成本的硬件设施上，这样就容易产生硬件故障，所以 HDFS 的故障检测和恢复必须是一个核心设计目标。

（2）数据组织。HDFS 最初就是为大数据集而设计的，这些数据的读取需要比较快的读取速度。HDFS 会在客户端本地存储文件数据，应用程序采用重定向方式获得本地数据，一旦文件大小超过 HDFS 预定义的块大小时，客户端就联系名字的节点，名字节点在构造一个数据块后把数据节点的标识和数据块号返回给客户端。

（3）简单一致模型。HFDS 程序大部分都是一次写入多次读取，文件一旦创建、写入、关闭后就不需要修改。

Hadoop 是 Apache 的下一个开源软件，最早是作为一个开源搜索引擎项目 Nutch 的基础平台而开发的，随着项目的进展，Hadoop 被作为一个单独的开源项目进行开发。Hadoop 作为一个开源的软件平台使得编写和运行用于处理海量数据的应用程序更加容易。

三、Hadoop 是怎么思考的

MapReduce 主要反映了映射和规约两个概念，即分别完成映射操作和规约操作。映射操作按照需求操作独立元素组里面的每个元素，这个操作是独立的，然后新建一个元素组保存刚生成的中间结果。因为元素组之间是独立的，所以映射操作基本上是高度并行的。规约操作对一个元素组的元素进行合适的归并。虽然规约操作有可能不如映射操作并行度那么高，但是求得一个简单答案，大规模的运行仍然可以相对独立，所以规约操作也有高度并行的可能。

MapReduce把数据集的大规模操作分配到网络互联的若干节点上进行，以实现其可靠性；每个节点都会向主节点发送心跳信息，周期性地把执行进度和状态报告回来。假如某个节点的心跳信息停止发送，或者是超过预定时隙，主节点标记该节点为死亡状态，并把先前分配到它的数据发送给其他节点。每个操作使用命名文件的原子操作，避免并行线程之间冲突；当文件被改名时，系统可能会把它复制到任务名之处的其他名字节点上。

由于规约操作的并行能力较弱，所以主节点尽可能把规约操作调度在同一个节点上，或者距离操作数据最近（或次近，最近节点出现故障时）的节点上。

MapReduce技术的优势在于对映射和规约操作的合理抽象，使得程序员在编写大规模分布式并行应用程序时，几乎不用考虑计算节点群的可靠性和扩展性等问题，应用程序开发人员把精力集中在应用程序本身，关于集群的处理问题等交由MapReduce完成。

四、Hadoop是如何构成的

Hadoop框架中最核心的设计就是MapReduce和HDF。SeMapReduce的思想因在Google的一篇论文中所提及而被广为流传，简单的一句话解释，MapReduce就是任务的分解与结果的汇总。HDFS是Hadoop分布式文件系统Hadoop Distributed File System的缩写，它为分布式计算存储提供了底层支持。

Hadoop主要由HDFS和MapReduce引擎两部分组成。最底部是HDFS，它可以存储Hadoop集群中所有存储节点上的文件。

HDFS可以执行的操作有创建、删除、移动或重命名文件等，架构类似于传统的分级文件系统。需要注意的是，HDFS的架构基于一组特定的节点而构建。HDFS包括：唯一的NameNode，它在HDFS内部提供元数据服务；DataNode，其为HDFS提供存储块。NameNode是HDFS唯一的一个弱点（单点失败），一旦NameNode出现故障，后果可想而知。

NameNode可以控制所有文件操作。HDFS中的存储文件被分割成块，这些块被复制到多个节点之中（DataNode）。块的大小（默认为64MB）和复制的块数量在创建文件时由客户机决定。

NameNode负责管理文件系统名称空间和控制外部客户机的访问。NameNode决定是否将文件映射到DataNode上的复制块上。通常的策略是，对于最常见的三个复制块，第一个复制块存储在同一机架的不同节点上，最后一个复制块存储在不同机架的某个节点上。

请注意，当表示 DataNode 和块的文件映射的元数据经过 NameNode，且外部客户机发送请求要求创建文件时，NameNode 会以块标识和该块的第一个副本的 DataNodeIP 地址作为响应。此外，NameNode 还会通知其他将要接收该块副本的 DataNode。

NameNode 在 FsImage 文件中存储所有关于文件系统名称空间的信息，该文件和一个包含所有事务的记录文件将存储在 NameNode 的本地文件系统上。FsImage 和 EditLog 文件也有副本，以防止文件损坏或 NameNode 系统故障。

Hadoop 集群包含 1 个 NameNode 和 N（N>=1）个 DataNode。DataNode 通常以机架的形式组织，机架通过一个交换机将所有系统连接起来。通常，机架内部节点之间的传输速度快于机架间节点的传输速度。

DataNode 响应来自 HDFS 客户机的读写请求，也响应 NameNode 发送的创建、删除和复制块的命令。NameNode 获取每个 DataNode 的心跳消息，每条消息包含一个块报告，NameNode 据此验证块映射和其他文件系统的元数据。如果 DataNode 无法发送心跳消息，NameNode 将采取修复措施，重新复制在该节点上丢失的块。

HDFS 的上一层引擎是 MapReduce，MapReduce 引擎由 JobTracker（作业服务器）和 TaskTracker（任务服务器）组成。

JobTracker（Google 称为 Master）负责管理所有作业，它是整个系统分配任务的核心。它也是唯一的，这与 HDFS 类似。因此简化了同步流程问题。

TaskTracker 具体负责执行用户定义操作。每个作业被分割为任务集，包括 Map 任务和 Reduce 任务。任务是具体执行的基本单元，TaskTracker 执行过程中需要向 JobTracker 发送心跳信息，汇报每个任务的执行状态，帮助 JobTracker 收集作业执行的整体情况，为下次任务分配提供依据。

在 Hadoop 中，客户端（任务的提交者）是一组 API，用户需要自定义自己需要的内容，再由客户端将作业及其配置提交到 JobTracker，并监控执行状况。

与 HDFS 的通信机制相同，Hadoop MapReduce 也使用协议接口来实现服务器间的通信。实现者作为 RPC 服务器，调用者经由 RPC 的代理进行调用。客户端与 TaskTracker 以及 TaskTracker 之间，都不再有直接通信。难道客户端就不需要了解具体任务的执行情况吗？不是；难道 TaskTracker 相互了解任务执行情况吗？也不是。由于整个集群各机器的通信比 HDFS 复杂得多，点对点直接通信难以维持状态信息，所以统一由 JobTracker 收集整理转发。

五、Hadoop 是如何工作的

最简单的 MapReduce 应用程序至少包含三个部分：一个 Map 函数、一个 Reduce 函数和一个 main 函数。main 函数将作业控制和文件输入 / 输出结合起来。在这一点上，Hadoop 提供了大量的接口和抽象类，从而为 Hadoop 应用程序开发人员提供了许多工具，可用于调试和性能度量等。

MapReduce 本身就是用于并行处理大数据集的软件框架。MapReduce 的根源是函数型编程中的 Map 和 Reduce 函数。它由两个可能包含有许多实例（许多 Map 和 Reduce）的操作组成。Map 函数接受一组数据并将其转换为一个键值对列表，输入域中的每个元素对应的一个键值对。Reduce 函数接受 Map 函数生成的列表，然后根据它们的键（为每个键生成一个键值对）缩小键值对列表。

一个代表客户机在单个主系统上启动的 MapReduce 应用程序称为 JobTracker，类似于 NameNode，它是 Hadoop 集群中唯一负责控制 MapReduce 应用程序的系统，在应用程序提交之后，将提供包含在 HDFS 中的输入和输出目录，JobTracker 使用文件发块信息（物理量和位置）以确定如何创建 TadkTracker 从属任务，MapReduce 应用程序被复制到每一个出现输入文件块的节点，将为特定节点上的每个文件块创建一个唯一的从属任务，然后每个 TaskTracker 将状态和完成信息报告给 JobTracker。

在 MapReduce 处理的过程的第一步是把输入的原始数据集分解成若干个相互独立的数据块，这样就使得 Map 操作能够在多个分布式的计算机上完全并发处理。分割的数据块之间无须了解文件的具体内部逻辑结构，分割模式可以由用户自己制定，也可以采用 Hadoop 预先定义的分割方式。程序员首先在 Map 函数中定义分块数据的具体处理流程，在 Reduce 函数中定义如何把分块的数据处理结果进行综合归纳，用户只需要提交分布式程序的并行处理。它们分别是：提交 MapReduce 作业的客户端、协调作业运行的 JobTracker、运行作业划分任务后的 TaskTracker，以及其他实体间共享文件的分布式文件系统。JobClient 的 runJob 方法就是用来创建一个新的 JobClient 实例和调用 JobClient 的 submitJob 方法来提交任务。待作业提交以后，runJob 将采用轮询的方式每秒跟进作业的进度，如果发现有不同于上一条记录的作业，就把报告告知控制台，作业成功完成后就显示作业计数器。否则失败的作业就会在控制台上记录。

MapReduce 的心脏 —— Shuffle 叫做混洗，也可以称之为洗牌，它的目的是保证从 Map 输出到 Reducer 中的数据都是按照键值来排序的。

1. Map 端

从 Map 输出的中间键值不是简单地写在磁盘上，而是通过缓存的方式将输出的结果写入内存，然后对输出的结果按照一定的规则排序。每一个 Map 任务都有一个缓冲区，Map 输出的结果将保存在这个缓冲区当中。默认情况缓冲区的大小都是固定的，但是用户可以修改缓冲区的大小。当输出的结果已经达到缓冲区的指定大小时，后台的一个线程就会把输出的结果溢写到磁盘中。一般情况下，如果内存的缓冲区超过溢写的阈值，将会建立一个新的溢写文件，所以在 Map 处理结束以后，会有多个溢写文件。然后会接着运行 combiner，使得 Map 的输出结果更加紧凑，只会有较少的数据写到本地磁盘然后传递给 Reducer。

2. Reduce 端

由 Map 处理后输出的数据结果保存在 Map 任务的 TaskTracker 的本地磁盘，此时，Reduce 任务在 Map 处理任务结束后便开始复制它保存在特定文件分区中的输出结果，由于 Reduce 的复制线程不止一个，因此可以并行地复制 Map 的输出结果。在所有 Map 的输出结果被复制的同时，Reduce 将进入合并阶段，按照 Map 输出结果的键值循环合并 Map 的输出。然后直接把合并以后的数据作为 Reduce 函数的输入，Reduce 阶段按照每个输入数据的键值依次调用 Reduce 函数，然后把 Reduce 处理的结果保存到本地文件系统，这一文件系统在 Hadoop 平台上，一般指的是 HDFS。

六、Hadoop 是如何并行的

Map 调用把输入数据自动分割成 M 片，并且分发到多个节点上，使得输入数据能够在多个节点上并行处理。Reduce 调用利用分割函数分割中间 key，从而形成 R 片，如 hash（key）mod R，它们也会被分发到多个节点上。分割数量 R 和分割函数由用户来决定。

由以上的分析可知，细分 Map 阶段成 M 片，Reduce 阶段成 R 片。在理想状态下，M 和 R 应该比 worker 机器数量要多得多。每个 worker 执行许多不同的工作来提高动态负载均衡，并且能够加快故障恢复的速度，而失效机器上执行的大量 Map 任务则可以分布到所有其他 worker 机器上执行。

但是在具体的编程中，实际上对于 M 和 R 的取值是有一定的限制的，因为 master 必须执行 O（M+R）次调度，并且在内存中保存 O（M*R）个状态。

进一步来说，用户通常会指定 R 的值，因为每一个 Reduce 任务最终都是一个独立的输出文件。在实际中，倾向于调整 M 的值，使得每一个独立任务都是处理 16M~64M 的输入数据（这样，上面描写的本地优化策略会最有效）。使 R 值比较小，会使得 R 占用较少的 worker 机器。通常会用这样的比例来执行 MapReduce：M=200000，R=5000，使用 2000 台 worker 机器。

第三节　云计算与网格计算

网格计算是利用互联网地理位置相对分散的计算机组成一个“虚拟的超级计算机”，其中每一台参与计算的计算机就是一个“节点”，而整个计算是由数以万计个“节点”组成的“一张网格”，网格计算是专门针对复杂科学计算的计算模式。网格计算模式的数据处理能力超级强大，使用分布式计算，充分利用了网络上闲置的处理能力，网格计算模式把要计算的数据分割成若干“小片”，而计算这些“小片”的软件通常是预先编制好的程序，不同节点的计算机根据处理能力下载一个或多个数据片段进行计算。

云计算是从网格计算发展演化而来的，网格计算为云计算提供了基本的框架支持。网格计算关注于提供计算能力和存储能力，云计算侧重于在此基础上提供抽象的资源和服务，两者具有如下相同点。

（1）都具有超强的数据处理能力，都能够通过互联网将本地计算机上的计算转移到网络计算机上以此来获得数据或者计算能力。

（2）都构建自己的虚拟资源池而且资源及使用都是动态可伸缩的，服务可以被快速方便地获得，某种情况下甚至是自动化的；可通过增加新的节点或者分配新的计算资源来解决计算量的增加；根据需要分配和回收 CPU 和网络带宽；根据特定时间的用户数量、实例的数量和传输的数据量调整系统存储能力。

（3）两种计算类型都涉及多层组和多任务，即很多用户可以执行不同的任务，访问一个或多个应用程序实例。

可以看出云计算和网格计算有着很多相同点，但它们的区别也是明显的，其不同点如下：

（1）网格计算重在资源共享，强调转移工作量到远程的可用计算资源上，而云计算则强调专有，任何人都可以获取自己的专有资源。网格计算侧重并行的集中性计算需求，并且难以自动扩展；而云计算侧重事务性应用，大量的单独请求可以实现自动或半自动的扩展。

（2）网格构建是尽可能地聚合网络上的各种分布资源，来支持挑战性的应用或者完成某一个特定的任务需要。它使用网格软件，将庞大的项目分解为相互独立的、不太相关的若干子任务，然后交由各个计算节点进行计算。云计算一般来说都是为了通用应用而设计的，云计算的资源相对集中，主要以 Internet 的形式提供底层资源的获得和使用。

（3）对待异构理念不同。网格计算屏蔽异构系统使用了中间件，力图使用户面向同样的环境，把困难留在中间件，从而让中间件完成任务。实现跨组织、跨信任域、跨平台的复杂异构环境中的资源共享和协同解决问题。而云计算是不同的服务采用不同的方法对待异构性，一般用镜像执行或者提供服务的机制来解决异构性的问题。

网格和云的差异表现在很多方面，下面着重从体系结构、资源管理和编程模型这三个主要角度对它们进行详细的比较。

一、体系结构

由于高性能计算资源价格昂贵且难以获取，诸多用户迫切希望能够有效地使用分散在各地的计算资源（也称联合资源，主要包括计算、存储和多个分散在各地的研究机构的网络资源）。而这些资源的安全管理通常是异构的和动态的，这就需要一种新的技术来对这些资源进行管理，网格计算由此诞生。网格首先对现有资源及其硬件、操作系统、本地资源管理和安全基础设施等进行技术整合，然后通过资源共享的计算机网络实现对这些资源的合理分配和调度。用户通过网格可以获得只有超级计算机和大型专用集群才能提供的计算能力，因此网格计算通常被用来解决大规模的计算问题。

网格是由一套标准协议、中间体、工具包和建立在这些协议之上的服务组成的。在网格协议体系结构中，网格提供了五个不同层次的协议和服务。在物理层，网格提供了访问计算、存储和网络资源等不同资源的代码库。连接层为网络上的安全交易定义了核心通信和认证协议。资源层定义了对个别资源共享操作的协议，这些协议包括资源的发布、资源的发现、资源的监控、资源的统计和支付费用等。收集层是指对资源集合和目录服务之间进程相互作用的捕捉。应用层包括建立在协议、API 接口和虚拟组织环境下的用户应用程序。

与网格不同，云的开发是用于解决基于互联网的规模计算问题的，其中的一些假设也不同于传统的网格问题。云通常被称为可以通过一个抽象的接口协议访问的计算和存储的资源池。云可以建立在 webservice 的许多现有协议和一些先进的 Web2.0 技术之上。实际上云的实施已经转变为对现有网格技术的扩展。近年来，人们利用这种方式取得的成果远远超过了过去10年在云的标准化、安全性、资源管理和虚拟化技术等方面的努力。

云计算定义了四层架构，它们由物理层、统一资源层、平台层和应用层组成。物理层包括计算资源、存储资源和网络资源等基本硬件资源。统一资源层包括被抽象和封装的资源（通常是由虚拟化实现的），它们能够作为一个整合资源被其上层和最终用户访问。平台层是增加了专门的工具集、中间件和建立在统一资源层上的服务，并能够向外提供开发和部署的平台。最后，应用层包括在云上运行的应用程序。

一般云计算平台分为三个层次，分别是软件即服务层（SaaS）、平台即服务层（Paas）和基础设施即服务层（IaaS）。有些供应商也可以根据用户的需求提供超过一个层次的服务。基础设施即服务规定的硬件、软件和设备，大多数是在同一资源层（也包括部分物理层），它可以提供以资源使用情况为基础的定价软件应用服务。

基础设施的规模可以随着应用程序的资源需求向上或向下动态改变。平台即服务提供了一个搭建、测试和部署自定义应用程序的高级别的集成化环境。软件即服务是一种基于使用的价格模式，消费者通过互联网远程获取所需要的特殊用途的软件。虽然云提供了三个不同层次的服务，但是这些不同层次之间的接口标准仍然没有确定，这一问题将直接导致云之间的互操作困难。

二、资源管理

以下将对网格和云中的资源管理进行详细比较，内容主要包括计算模型、数据模型和虚拟化三个层面。

（一）计算模型

大多数网格均使用批处理调度计算模型软件，即本地资源管理器（LRM）。例如使用PBS、Conder、LSF管理网格计算中的站点资源。用户通过提交批处理作业来申请在某一段时间内的计算资源。许多网格制定的调度策略能够对批处理作业进行用户识别和认证，确定作业运行的数量、安全性、所需要的处理器数目及所分配的运行时间。而云计算模型使云资源能被所有用户在同一时间内共享，这一点与网格计算中专用资源受排队系统支配的原则有很大的不同。而且云模型允许延迟敏感的应用程序操作云本身。虽然云能向最终用户提供良好的服务，但是云规模的扩大和用户数量的增长很可能成为云计算未来所面临的重大挑战。

（二）数据模型

云数据主要通过互联网实现共享和使用，因此其安全性也是一个不容忽视的问题。因此虽然有学者指出未来的互联网计算将会是以云计算为主导和核心的计算模式,其中存储、计算和其他种类的资源将主要通过云的方式提供。但是从数据安全的角度考虑,下一代互联网计算可能会呈现三角模型:互联网计算将集中围绕数据、云计算以及客户端计算三者进行,云计算和客户端计算将会共存并携手共进。随着数据密集型应用的增多,数据管理(映射、分区、移动、高速缓存、复制)对云计算和客户端计算将变得越来越重要。

(三)虚拟化

虚拟化几乎成了每个云不可缺少的基本成分,最重要的原因是它实现了对各种资源的抽象和封装。云需要运行多个(有时甚至高达数千或数百万个)用户应用程序。对于用户而言,所有的应用看上去好像在同时运行,并且可以使用所有云中的可用资源,这是因为虚拟化提供了必要的抽象。它可以把原始计算、存储和网络资源这样的基本结构统一为一个资源池。资源重叠(如数据存储服务、Web 主机环境)都可以建立在它们之上。虚拟化也使每个应用程序被封装,并且可以配置、部署、启动、迁移、暂停、恢复和停止等,并提供更好的安全性、可管理性和独立性。一个虚拟化的基础设施可以认为是一种 IT 资源到商业需求的映射。

与云相比,网格不依赖于虚拟化,并且由于批处理调度系统的策略原因,使得网格不需要虚拟化便可以使每个个体组织维护和控制他们自己的资源。

如今,虚拟化已经成为一项技术必需品,且因为合理的理由,这一趋势仍在持续发展,因为在实施虚拟化之后,可以获益颇多。例如按需访问服务器、网络和存储资源;节能环保,实现绿色地球;减少占用物理空间;节省难以发现的人力资源;削减资产成本和运营成本。下面笔者将对虚拟化进行详细介绍。

虚拟化用于创建操作系统、计算设备(服务器)、存储设备或网络设备等资源的虚拟版本。服务器虚拟化打破了一台物理服务器只能运行一个操作系统的传统模式,而是采用虚拟机监控程序技术在一台物理服务器上创建多台虚拟机。云计算和虚拟化的概念经常互换使用,但混淆两种概念是不正确的。例如服务器虚拟化提供了支持云计算所需的灵活性,但这并不能使虚拟化等同于云计算。多种支撑技术才能实现云计算,虚拟化不过是其中的一种技术;而且,对于云计算来说,虚拟化并非必需品。例如谷歌(Google)及其他厂商已经演示了不使用虚拟服务器的云服务,它们使用其他技术实现了类似的结果。

我们很难定义虚拟化,因为它有很多方面。通常,虚拟化具有一对多或多对一的两面性。在一对多方式中,虚拟化支持用一个物理资源创建出多个虚拟化资源。这种虚拟化允许数据中心最大化地利用其资源。承载应用的虚拟资源被映射到物理资源中,从而实现服务器资源更高的利用率。

在多对一方式中,虚拟化支持从多个物理资源中创建一个虚拟(逻辑)资源。这种情况在云计算中尤为常见:多个物理资源组合在一起,构成一个云。正如先前所述,虚拟化并不是云,它只是建立和管理云的一项支撑技术。此处的虚拟化指的是操作系统的虚拟化,如由VMware、Xen或其他基于虚拟机监控程序的技术提供支持。在Cisco的云概念中对虚拟化的概念进行了扩展,将各种类型的虚拟化囊括在内,如网络、计算、存储以及服务。

可以将虚拟化定义为一个抽象层,它可以存在于整个IT堆栈或其中的某个部分中。换句话说,从数据中心和IT的角度,可以将虚拟化重新表述为:"一组技术功能的实施过程,这个过程能将服务器资源、网络资源、存储资源的物理特征隐藏起来,以避免系统、应用或给终端用户与这些资源的交互。"

对于不同的人而言,虚拟化可能具有不同的含义。虚拟化类型包括:服务器虚拟化、存储虚拟化、网络虚拟化、服务虚拟化、管理虚拟化。

1. 服务器虚拟化

服务器虚拟化(也称为硬件虚拟化)是当今最广为人知的硬件虚拟化应用。X86计算机硬件旨在运行单一操作系统和单一应用。这使得无法有效利用大多数机器。虚拟化允许在一台物理机器上运行多台虚拟机,在多个环境之间共享单台计算机的资源。不同的虚拟机可以在同一台物理计算机上运行不同的操作系统和多个应用。

虚拟机监控程序软件创建的虚拟机(VM)模拟物理计算机的环境和独立操作的系统环境,在逻辑上与主服务器隔离。虚拟机监控程序也称为虚拟机管理器(VMM),它是一个计算机程序,允许多个操作系统共享单一硬件宿主。单一物理机器可以用来创建多个虚拟机,多个虚拟机可以同时而独立地运行多个操作系统。虚拟机以文件形式存储,因此在恢复故障系统时,只要将虚拟机的文件复制到新机器上即可。

2. 存储虚拟化

存储虚拟化指的是为物理存储设备提供一个逻辑、抽象的视图。它为许多用户或应用提供了一种访问存储的方式,使得用户或应用在访问存储的时候,无须担心存储的物理位置和物理管理方式。存储虚拟化能够使一个环境中的物理存储在多个应用服务器间进行共享,虚拟层后的物理设备看起来还像是一个没有物理边界的庞大存储池。存储虚拟化将所有设备综合在一个设备中进行使用,从而隐藏了一个组织内有多个独立存储设备的事实。虚拟化隐藏了寻找数据存储位置、获取数据、向用户提供数据的复杂过程。

通常情况下，存储虚拟化适用于更大型的存储区域网（SAN）阵列，但也能精确地适用于本地桌面硬盘驱动器上的逻辑分区和独立冗余磁盘阵列（RAID）。长期以来，大型企业已经从 SAN 技术中获益，在 SAN 中，存储与服务器解耦，直接连接到网络上。通过在网络上共享存储，SAN 可以实现可伸缩且灵活的存储资源分配、支持高效的备份解决方案、实现更高的存储利用率。

存储虚拟化可提供下列好处：

（1）优化资源。在传统情况下，存储设备物理地连接到服务器上，并专用于服务器和应用。如果需要更多存储容量，则须购买更多磁盘并将其添加到服务器上，并专用于应用。这种运营方式造成浪费未利用或大量存储。利用存储虚拟化技术，可以按需获取存储空间，而不会浪费任何空间，组织还可以更高效地利用现有的存储资产，而无须购买额外的存储资产。

（2）降低运营成本。为每台服务器和应用添加和配置独立的存储资源需要耗费大量的时间，并且需要许多技术娴熟的专业人员，而这些人又很难找到。这些都会影响整体运营成本（TCO）。存储虚拟化支持在应用之外添加存储资源，运营人员只需在管理控制台采取拖放操作就可以将存储资源添加到存储池中。带有图形用户界面的安全管理控制台可以提高安全性，允许运营人员方便地添加存储资源。

（3）提高可用性。在传统的存储应用中，因为维护存储设备、升级软件而导致计划内停机时间，以及由于病毒和电源问题造成的计划外停机时间，都会造成客户无法使用应用。这种停机会导致无法实现对客户做出的服务等级协议（SLA）承诺，从而引起客户不满以及客户流失。存储虚拟化能够在最短时间内配置新的存储资源，从而提高资源的整体可用性。

（4）提高性能。许多执行单一任务的系统会压垮单一存储系统，如果通过虚拟化将工作负荷分布到多个存储设备，那么就可以大大提高性能。另外，还可以在存储上实施安全监控，如只允许经过授权的应用或服务器访问存储资产。

3. 网络虚拟化

网络虚拟化可能是所有虚拟化类型中最具有歧义的一种虚拟化。网络虚拟化有多种类型，简要描述如下：

VLAN 是网络虚拟化的一个简单示例。VLAN 允许将一个局域网逻辑地划分到多个广播域内。按照交换机端口定义 VLAN。也就是说，用户可以选择将端口 1~10

加入 VLAN1；端口 11~20 加入 VLAN2。同一 VLAN 中的端口无须保持连续性，因为这是逻辑划分，不是物理划分，所以连接到这些端口上的工作站不需要处于同一位置，居于建筑物不同楼层的用户可以连接在一起以便构成一个局域网。

虚拟路由和转发（VRF）通常用于多协议标签交换（MPLS）网络，允许一个路由表的多个实例同时并存在同一路由器内。因为无须使用多台设备就可以划分多个网络路径，这可以大大提高路由器的功能。因为对流量自动进行分离，所以 VRF 还提高了网络的安全性，并能消除加密和认证的需求。

网络虚拟化的另一种形式就是将多个物理网络设备聚合到一台虚拟设备中。该虚拟化的示例有：Catalyst6500 交换机的虚拟交换系统（VSS）特性。这一特性将两个独立的机箱虚拟地组合成一台更大、更快的 Catalyst 交换机。

虚拟设备上下文环境（VDC），这是一个数据中心的虚拟化概念，可以用来虚拟化设备本身，使物理交换作为多台逻辑设备呈现。在这个 VDC 内，可以包含自己独有、独立的 VLAN 和 VRF 集合，可以给每个 VDC 分配物理端口，从而将硬件数据层也虚拟化。在每个 VDC 内，独立的管理域来管理 VDC 本身，从而将管理层本身也虚拟化。对于与 VDC 连接的用户，每个 VDC 看起来都是唯一的设备。

虚拟网络（VN）代表着基于计算机的网络，至少有一部分由 VN 链接构成。VN 链接不包含两种资源之间的物理连接，但通过使用网络虚拟化的方法实施了虚拟连接。开发 CiscoVN 链接技术以便桥接服务器管理、存储管理以及网络管理领域，从而确保在一个环境内所做的更改会传递到其他环境。例如，当用户在 VMware vSphere 环境中使用 vCenter 初始化 VMotion，以便将虚拟机从一台物理服务器转移到另一台物理服务器时，这个事件就会传递给数据中心网络和 SAN，于是相应的网络配置和存储服务也会随着这台虚拟机一并转移。

从广义上讲，如果设计得当，网络虚拟化会与服务器虚拟化或虚拟机监控程序类似，即用户、应用、设备之间能够安全地共享通用物理网络基础设施。

4. 服务虚拟化

数据中心的服务虚拟化指的是提供额外安全性的防火墙服务、提供额外性能和可靠性的负载均衡服务。虚拟接口 —— 通常称为虚拟 IP（vIP）—— 对外公开，对外表现为实际的 Web 服务器，并按需管理进出 Web 服务器的连接。这样负载均衡器就能将多个 Web 服务器或多个应用作为单一实例来进行管理，与允许用户直接连接到每个 Web 服务器相比，这种做法可以提供更安全、更健壮的拓扑。这是一种一对多的虚拟化表达方式。对外表现为一台服务器，实际隐藏着反向代理设备背后的多台服务器的可用性。

5. 虚拟化管理

虚拟化管理指的是虚拟资源的配置和协调，以及对资源池和虚拟实例进行运行时协调。该特性包括虚拟资源到物理资源的静态映射和动态映射，还包含整体的管理功能，如容量管理、分析、收费以及 SLA。

通常情况下，服务被抽象到客户门户层，客户在其中选择服务，然后通过各种域和中间件管理系统，配合配置管理数据库（CMDB）、服务目录、会计、收费系统、SLA 管理、服务管理、服务门户等，自动配置服务。

网络、计算以及存储虚拟化，由于提供了灵活而容错的服务，与固定技术资产解耦，正在对 IT 产生重大影响。无需空出维护窗口和离线应用，就能服务和升级底层硬件。无需维护窗口，就能维修和更新硬件，并将应用转移回到增强的基础设施中。虚拟化的其他获益还包括更高效地利用过去未充分利用的资源、减少受管硬件资产以及整合硬件维护协议。

虽然虚拟化能带来出色的灵活性，但它同时也能增加监控和管理服务的需要，以便提供更强大的态势感知。过去，管理员可以确定地表述："我的数据库在服务器 X 上运行，这台服务器与交换机 B 进行连接并使用存储阵列 C。"虚拟化解耦了这种关系，支持以更具伸缩性、以性能为中心的方式利用这些基础设施资源。应用可以定位于服务器集群中的任何计算节点上，可以利用任何存储设备上的存储空间，可以使用虚拟网络，也可以进行转移以满足性能或运营需求。如今，在进行维护之前，理解这种依赖关系越发重要。

那么，虚拟化和云计算之间的区别是什么？这是一个常见的问题。答案很简单，虚拟化是一项技术，在虚拟机中运行软件时，通过虚拟机监控程序运行程序指令，就像在专用服务器上运行一样。虚拟机监控程序是服务器虚拟化的核心和灵魂。云计算则是一种运营模型。在运行云的时候，没有数据必须通过的虚拟机监控程序层。要拥有云，可能需要有服务器虚拟化，但仅有服务器虚拟化并不能运行云。在云中，包含的资源被抽象出来，在多租户的环境中根据需要和规模向客户提供服务。云所包含的技术也是这样得到利用的。多数情况下，云计算中都使用相同的基础设施、服务目录、服务管理工具、资源管理工具、调配系统、CMS/CMDB、服务器平台、网络布线、存储阵列等。通常情况下，云会向客户提供一个自助服务门户，客户在门户上可以订购服务，门户隐藏了基础设施以及管理的所有物理复杂性。

三、编程模型

事实上，网格环境下的编程模型与其在传统的并行和分布式环境下没有本质上的区别。这种编程模型相当复杂，内容涉及诸多方面，如多管理域、资源异质性变化、稳定性和性能及动态环境下异常处理（在任何时间，资源都可以增加和减少）等。由于网格主要针对的是大规模的科学计算，需要利用大量的资源，用户希望程序在网格环境下运行的速度快、效率高、正确性高，因此必须考虑网格的可靠性和容错性。消息传递接口（MPI）是最常用的并行计算编程模型，其中一组任务在计算中使用自己的本地内存，并通过发送和接收消息进行通信。MPICH-G2 是一种支持网格的 MPI 实现方式，给出了类似于 MPI 的接口，提供了整合 Globus 的工具包。协调语言允许一定数量的异构组件相互通信和互动，并为规范化、互动性和分布式组件的动态组成提供设施。在网格中，许多应用程序是松散耦合的，因为一个输出可以传递给一个或多个输入。例如一个文件可以通过 Web 服务调用。虽然这种“松散”计算可以涉及大量的计算和通信，但是程序员所关注的问题不同于传统的高性能计算，他们侧重于大量数据集和任务相关的管理问题而不是处理机间通信的优化。在这种情况下，工作流系统更符合这种应用程序的规范和执行。更具体地说，工作流系统允许每个组件（单步）组成一个复杂的依赖关系图，并通过这些组件控制数据流。

在云计算中，大多是采用 MapReduce 编程模型，MapReduce 是另一种重要的并行编程模型。它为处理大型数据集提供了一个编程模型和实时系统，并且是基于只有两个主要功能的函数式语言模型：“映射”（Map）和“化简”（Reduce）。映射功能适用于具体操作的每一组项目，并产生一组新项目，一个 Reduce 函数对一组项目执行聚集操作。MapReduce 运行系统自动地对输入数量分区并把程序调入由大量普通计算机组成的集群中运行。该系统由容错工作节点定期检查，并把失败的作业重新分配给其他的工作节点。

云计算与网格计算目标是一致的，都是虚拟计算机资源，可以通过各种网络共享为上层应用服务，但云计算在理论上增加了自复方面的支持，在伸缩性、自复性，以及其他各方面均优于网格计算。特别是其经虚拟计算机为粒度的动态伸缩性为搭建高伸缩性、高可靠性且廉价的系统开发创造了极大的便利。

云计算抽象了计算与存储资源，并动态地将之分配给需要使用的用户。它是一个高伸缩性、高可靠性、透明安全的底层架构，并具有友好的监控与维护接口。在其上开发应用时，只需要按照其应用程序接口规范调用所需资源即可，不必像使用 Globus Toolkit 那样花费大量时间来降低系统所需吞吐量以减少硬件投资，其使用费用跟总的资源使用量成正比，而不像以往跟系统吞吐量成正比，如此，用户只须关心业务逻辑的实现。对于数据挖掘实现而言，可以把各种算法部署到云计算平台运行，然后通过云计算平台的控制面板或者接口设定目标响应时间就能得到满意的结果。

云计算平台具有动态伸缩性，一个应用程序在资源请求很少的时候可能在执行一个粒度的虚拟机上；而当资源请求增长时，最先成为系统瓶颈的往往是当前运行环境的计算能力，这时云计算平台通过系统监控服务发现当前运行环境负载过高，自动地从云计算资源池中请求新的虚拟机加入当前的运行环境，以集群的方式线性增长当前运行环境的计算能力以满足应用程序的资源请求。当应用程序的资源请求进一步增长时，不只运行环境的计算能力，数据库端也将成为瓶颈，特别是当虚拟机数量的增加所带来的并发与协调执行代价过高时，数据库所在的运行环境也将被动态扩展以满足海量的资源请求。当应用程序资源请求降低时，则是相反的情况，虚拟机将逐步被回收回资源池以待被其他当前高资源请求的应用所使用。

如此一来，世界各地的应用程序可通过共享同一个庞大的云计算资源池来获得超大的系统吞吐能力以满足在某些情况下所需要的超高计算或者存储资源请求，而付出的代价却只是其总的资源使用量的费用。以上系统的动态扩展与收缩过程并不需要用户干预，系统会自动进行，开发者在其平台上开发时除了按照其规范并遵循程序易于被横向扩展的原则外，跟开发本地应用程序没有太大的区别，这给系统开发者与使用者都带来了很大的便利。

云计算是并行计算、分布式计算、网格计算的发展，并且能够提供自定义的、可靠的、最大化资源利用的服务，是一种崭新的分布式计算模式。网格计算是利用互联网上计算机闲置的计算资源进行计算，而云计算是利用互联网中的计算系统、支持互联网上多种应用的系统。网格计算作为一种面向特殊应用的解决方案将会在某些领域继续存在，而云计算将引领一场 IT 变革，则会对整个 IT 产业和人类社会产生深刻的影响。

第四节 云计算的体系架构与关键技术

一、云计算体系架构

云计算可以按需弹性提供资源，它的表现形式是一系列服务的集合。结合当前云计算的应用与研究，其体系架构可分为核心服务、服务管理、用户访问接口三层。

核心服务层将硬件基础设施、软件运行环境、应用程序抽象成服务，这些服务具有可靠性强、可用性高、规模可伸缩等特点，满足多样化的应用需求。服务管理层为核心服务提供支持，进一步确保核心服务的可靠性、可用性与安全性。用户可以通过访问接口层实现端到云的访问。

（一）核心服务层

云计算核心服务通常可以分为三个子层：基础设施即服务层（IaaS）、平台即服务层（PaaS）、软件即服务层（SaaS）。

IaaS 提供硬件基础设施部署服务，为用户提供实体或虚拟的计算、存储和网络等资源。在使用 IaaS 层服务的过程中，用户需要向 IaaS 层服务提供商提供基础设施的配置信息、运行于基础设施的程序代码以及相关的用户数据。由于数据中心是 IaaS 层的基础，因此数据中心的管理和优化问题近年来成为研究热点。为了优化硬件资源的分配，IaaS 层引入了虚拟化技术。借助于 Xen、KVM、VMware 等虚拟化工具，云计算可以提供可靠性高、可定制性强、规模可扩展的 IaaS 层服务。

PaaS 是云计算应用程序的运行环境，提供应用程序部署与管理服务。通过 PaaS 层的软件工具和开发语言，应用程序开发者只须上传程序代码和数据即可使用服务，而不必关注底层的网络、存储、操作系统的管理问题。由于目前互联网应用平台（如 Facebook、Google、淘宝等）的数据量日趋庞大，PaaS 层应当充分考虑对海量数据的存储与处理能力，并利用有效的资源管理与调度策略提高处理效率。

SaaS 是基于云计算基础平台所开发的应用程序。企业可以通过租用 SaaS 层服务解决企业信息化问题，如企业通过 GMail 建立属于该企业的电子邮件服务。该服务托管于 Google 的数据中心，使得企业不必考虑服务器的管理、维护问题。对于普通用户来讲，SaaS 层服务将桌面应用程序迁移到互联网，可实现应用程序的泛在访问。

（二）服务管理层

服务管理层对核心服务层的可用性、可靠性和安全性提供保障。服务管理包括服务质量（Quality of Service，QoS）保证和安全管理等。

云计算需要提供高可靠、高可用、低成本的个性化服务。然而云计算平台规模庞大且结构复杂，很难完全满足用户的 QoS 需求。为此，云计算服务提供商需要和用户协商，制定服务水平协议（Service Level Agreement，SLA），双方就服务质量的需求达成一致。当服务提供商提供的服务未能达到 SLA 的要求时，用户将得到补偿。

此外，数据的安全性一直是用户较为关心的问题。云计算数据中心采用的资源集中式管理方式使得云计算平台存在单点失效问题。保存在数据中心的关键数据会因为突发事件(地震、断电、火灾等)、病毒入侵、黑客攻击而丢失或泄露。根据云计算服务的特点,研究云计算环境下的安全与隐私保护技术(数据隔离、隐私保护、访问控制等)是保证云计算得以广泛应用的关键。

除了 QoS 保证、安全管理外,服务管理层还包括计费管理、资源监控等管理内容,这些管理措施对云计算的稳定运行同样起到了重要作用。

(三)用户访问接口层

用户访问接口实现了云计算服务的泛在访问,通常包括命令行、Web 服务、Web 门户等形式。命令行和 Web 服务的访问模式即可为终端设备提供应用程序开发接口,又便于多种服务的组合。Web 门户是访问接口的另一种模式。通过 Web 门户,云计算将用户的桌面应用迁移到互联网,从而使用户随时随地通过浏览器就可以访问数据和程序,以便提高工作效率。虽然用户通过访问接口使用便利的云计算服务,但是由于不同云计算服务商提供接口标准不同,所以导致用户数据不能在不同服务商之间迁移。为此,在 Intel、Sun 和 Cisco 等公司的倡导下,云计算互操作论坛(Cloud Computing Interoperability Forum, CCIF)宣告成立,并致力于开发统一的云计算接口(Unified Cloud Interface, UCI)以实现"全球环境下不同企业之间可利用云计算服务无缝协同工作"的目标。

二、云计算关键技术

云计算的目标是以低成本的方式提供高可靠、高可用、规模可伸缩的个性化服务。为了达到这个目标,需要数据中心管理、虚拟化、海量数据处理、资源管理与调度、QoS 保证、安全与隐私保护等若干关键技术加以支持。本节详细介绍核心服务层与服务管理层涉及的关键技术和典型应用,并从 IaaS、PaaS、SaaS 三个方面依次对核心服务层进行分析。

(一)数据中心相关技术

数据中心是云计算的核心,其资源规模与可靠性对上层的云计算服务有着重要影响。Google、Facebook 等公司十分重视数据中心的建设。

与传统的企业数据中心不同,云计算数据中心具有以下特点:

(1)自治性。相较传统的数据中心需要人工维护,大规模的云计算数据中心要求系统在发生异常时能自动重新配置,并从异常中恢复,而不影响服务的正常使用。

(2)规模经济。通过对大规模集群的统一化、标准化管理,使单位设备的管理成本大幅降低。

（3）规模可扩展。考虑到建设及设备更新换代的成本，云计算数据中心往往采用大规模高性价比的设备作为硬件资源，并提供扩展规模的空间。

基于以上特点，云计算数据中心的相关研究工作主要集中在两个方面：研究新型的数据中心网络拓扑，以低成本、高带宽、更可靠的方式连接大规模计算节点；研究有效的绿色节能技术，以提高效能比，减少环境污染。

1. 数据中心网络设计

目前，大型的云计算数据中心由上万个计算节点构成，而且节点数量呈上升趋势。计算节点的大规模特点对数据中心网络的容错能力和可扩展性带来了挑战。

然而，面对以上挑战，传统的树形结构网络拓扑存在以下缺陷。首先，可靠性低，若汇聚层或核心层的网络设备发生异常，网络性能会大幅下降。最后，可扩展性差，因为核心层网络设备的端口有限，难以支持大规模网络。再次，网络带宽有限，在汇聚层，汇聚交换机连接边缘层的网络带宽远大于其连接核心层的网络带宽（带宽比例为 80：1，甚至 240：1），所以对于连接在不同汇聚交换机的计算节点来说，它们的网络通信容易受到阻塞。

为了弥补传统拓扑结构的缺陷，研究者提出了 VL2、Portland、DCell、BCube 等新型的网络拓扑结构。这些拓扑在传统的树形结构中加入了类似于 mesh 的构造，使得节点之间的连通性与容错能力更高，易于负载均衡。同时，这些新型的拓扑结构利用小型交换机便可构建，使得网络建设成本降低，节点更容易扩展。

以 Portland 为例来说明网络拓扑结构。Portland 借鉴了 Fat-Tree 拓扑的思想，可以由 5k2/4 个 k 口交换机连接 k3/4 个计算节点。Portland 由边缘层、汇聚层、核心层构成。其中边缘层和汇聚层可分解为若干 Pod，每一个 Pod 包含 k 台交换机，分属边界层和汇聚层，每层 k/2 台交换机 hPod 内部以完全二分图的结构相连。边缘层交换机连接计算节点，每个 Pod 可连接 k2/4 个计算节点。汇聚层交换机连接核心层交换机，每个 Pod 连接 k2/4 台核心层交换机。基于 Portland，可以保证任意两点之间有多条通路，计算节点在任何时刻两两之间可实现无阻塞通信，从而满足云计算数据中心高可靠性、高带宽的需求。同时，Portland 可以利用小型交换机连接大规模计算节点，既带来了良好的可扩展性，又降低了数据中心的建设成本。

2. 数据中心节能技术

云计算数据中心规模庞大，为了保证设备正常工作，需要消耗大量的电能。据估计，一个拥有 50 000 个计算节点的数据中心每年耗电量超过 1 亿千瓦时，电费达到

930 万美元。因此,需要研究有效的绿色节能技术,以解决能耗开销问题。实施绿色节能技术,不仅可以降低数据中心的运行开销,而且能减少二氧化碳的排放,有助于环境保护。

当前,数据中心能耗问题得到了工业界和学术界广泛关注。Google 的分析表明,云计算数据中心的能源开销主要来自计算机设备、不间断电源、供电单元、冷却装置、新风系统、增湿设备及附属设施(照明、电动门等)。集热设备和冷却装置的能耗比重较大。因此,需要首先针对 IT 设备能耗和制冷系统进行研究,以优化数据中心的能耗总量或在性能与能耗之间寻求最佳的折中。针对 IT 设备能耗优化问题,纳图吉等人提出一种面向数据中心虚拟化的自适应能耗管理系统 Virtual Power。该系统通过集成虚拟化平台自身具备的能耗管理策略,以虚拟机为单位为数据中心提供一种在线能耗管理能力。帕利帕迪等人根据 CPU 利用率,通过控制和调整 CPU 频率以达到优化 IT 设备能耗的目的。拉奥等人研究在电力市场环境中,如何在保证服务质量的前提下优化数据中心能耗总量的问题。针对制冷系统的能耗优化问题,萨马迪亚尼等人综合考虑空间大小、机架和风扇的摆放以及空气的流动方向等因素,提出了一种多层次的数据中心冷却设备设计思路,并对空气流和热交换进行建模和仿真,以此为数据中心布局提供理论支持。数据中心建成以后,可采用动态制冷策略降低能耗,如对于处于休眠的服务器,可适当关闭一些制冷设施或改变冷气流的走向,以节约成本。

(二)虚拟化技术

数据中心为云计算提供了大规模资源。为了实现基础设施服务的按需分配,需要研究虚拟化技术。虚拟化是 IaaS 层的重要组成部分,也是云计算的最重要特点。虚拟化技术可以提供以下服务:

(1)资源分享。通过虚拟机封装用户各自的运行环境,有效地实现多用户分享数据中心资源。

(2)资源定制。用户利用虚拟化技术,配置私有的服务器,指定所需的 CPU 数目、内存容量、磁盘空间,实现资源的按需分配。

(3)细粒度资源管理。将物理服务器拆分成若干虚拟机,可以提高服务器的资源利用率,减少浪费,而且有助于服务器的负载均衡和节能。

基于以上特点,虚拟化技术成为实现云计算资源池化和按需服务的基础。为了进一步满足云计算弹性服务和数据中心自治性的需求,需要研究虚拟机快速部署和在线迁移技术。

1. 虚拟机快速部署技术

传统的虚拟机部署分为四个阶段：创建虚拟机；安装操作系统与应用程序；配置主机属性（网络、主机名等）；启动虚拟机。该方法的部署时间较长，达不到云计算弹性服务的要求。尽管可以通过修改虚拟机配置（增减 CPU 数目、磁盘空间、内存容量）改变单台虚拟机性能，但是更多情况下云计算需要快速扩展虚拟机集群的规模。

为了简化虚拟机的部署过程，虚拟机模板技术被应用于大多数云计算平台。虚拟机模板预装了操作系统与应用软件，并对虚拟设备进行了预配置，可以有效地减少虚拟机的部署时间。尽管如此虚拟机模板技术仍不能满足快速部署的需求：一方面，将模板转换成虚拟机需要复制模板文件，当模板文件较大时，复制的时间不可忽视；另一方面，因为应用程序没有写入内存，所以通过虚拟机模板转换的虚拟机需要在启动或加载内存镜像后，方可提供服务。为此，有学者提出了基于 fork 思想的虚拟机部署方式。该方法受操作系统的 fork 原语启发，可以利用父虚拟机迅速克隆出大量子虚拟机。与进程级的 fork 相似，基于虚拟机级的 fork 子虚拟机可以继承父虚拟机的内存状态信息，并在创建后即时可用。当部署大规模虚拟机时，子虚拟机可以并行创建，并维护其独立的内存空间，而不依赖于父虚拟机。为了减少文件的复制时间，虚拟机 fork 采用了“写时复制”技术：子虚拟机在执行“写操作”时，将更新后的文件写入本机磁盘；在执行“读操作”时，通过判断该文件是否已被更新，确定本机磁盘或父虚拟机的磁盘读取文件。在虚拟机 fork 技术的相关研究工作中，Potemkin 项目实现了虚拟机 fork 技术，并可在 1s 内完成虚拟机的部署或删除，但要求父虚拟机和子虚拟机必须在相同的物理机上。拉加·卡维拉等人研究了分布式环境下的并行虚拟机 fork 技术，该技术可以在 1s 内完成 32 台虚拟机的部署。虚拟机 fork 是一种即时部署技术，虽然提高了部署效率，但通过该技术部署的子虚拟机不能持久化保存。

2. 虚拟机在线迁移技术

虚拟机在线迁移是指虚拟机在运行状态下从一台物理机移动到另一台物理机。虚拟机在线迁移技术对云计算平台有效管理具有重要意义。

（1）有利于提高系统可靠性。一方面，当物理机需要维护时，可以将运行于该物理机的虚拟机转移到其他物理机。另一方面，可利用在线迁移技术完成虚拟机运行时的备份，当主虚拟机发生异常时，可将服务无缝切换至备份虚拟机。

（2）有利于负载均衡。当物理机负载过重时，可以通过虚拟机迁移达到负载均衡，优化数据中心性能。

（3）有利于设计节能方案。通过集中零散的虚拟机，可使部分物理机完全空闲，以便关闭这些物理机（或使物理机休眠），达到节能目的。

虚拟机的在线迁移对用户透明，云计算平台可以在不影响服务质量的情况下管理和优化数据中心。在线迁移技术于2005年由克拉克等人提出，通过迭代的预复制（pre-copy）策略同步迁移前后的虚拟机的状态。传统的虚拟机迁移是在LAN中进行的，为了在数据中心之间完成虚拟机在线迁移，广渊孝宏等人介绍了一种在WAN环境下的迁移方法。这种方法在保证虚拟机数据一致性的前提下，尽可能少地牺牲虚拟机I/O性能，加快迁移速度。利用虚拟机在线迁移技术，Remus系统设计了虚拟机在线备份方法。当原始虚拟机发生错误时，系统可以立即切换到备份虚拟机，但不会影响关键任务的执行，在一定程度上提高了系统可靠性。

（三）典型的IaaS层平台

本节将介绍三种典型的IaaS平台，包括Amazon EC2、Eucalyptus和东南大学云计算平台。

Amazon弹性计算云（Elastic Computing Cloud，EC2）为公众提供基于Xen虚拟机的基础设施服务。Amazon EC2的虚拟机分为标准型、高内存型、高性能型等多种类型，每种类型的价格各不相同。用户可以根据自身应用的特点与虚拟机价格，定制虚拟机的硬件配置和操作系统。Amazon EC2的计费系统根据用户的使用情况（一般为使用时间）对用户收费。在弹性服务方面，Amazon EC2可以根据用户自定义的弹性规则，扩张或者收缩虚拟机集群规模。

Eucalyptus是加州大学圣巴巴拉分校开发的开源IaaS平台。区别于Amazon EC2等商业IaaS平台，Eucalyptus的设计目标是成为研究和发展云计算的基础平台。为了实现这个目标，Eucalyptus的设计强调开源化、模块化，以便研究者对各功能模块升级、改造和更换。目前，Eucalyptus已实现了和Amazon EC2相兼容的API，并部署于全球各地的研究机构。

东南大学云计算平台面向计算密集型和数据密集型应用，由3500颗CPU内核和880TB高速存储设备构成，能提供37万亿次浮点计算能力。其基础设施服务不仅支持Xen、KVM、VMware等虚拟化技术，而且支持物理计算节点的快速部署，还可根据科研人员的应用需求，按需配置物理的或虚拟的私有计算集群，并自动安装操作系统、应用软件。由于部分高性能计算应用对网络延时敏感，其数据中心利用40Gbit/s QDR InfiniBand作为数据传输网络，提供高带宽低延时的网络服务。目前，东南大学云计算平台承担了AMS-02数据分析处理、电磁仿真、分子动力学模拟等科学计算任务。

（四）海量数据存储与处理技术

1. 海量数据存储技术

云计算环境中的海量数据存储既要考虑存储系统的I/O性能，又要保证文件系统的可靠性与可用性。

格玛沃特等人为Google设计了GFS（Google File System）。根据Google应用的特点，GFS对其应用环境做了六点假设：①系统架设在容易失效的硬件平台上；②需要存储大量GB级甚至TB级的大文件；③文件读操作以大规模的流式读和小规模的随机读构成；④文件具有一次写多次读的特点；⑤系统需要有效处理并发的追加写操作；⑥高持续I/O带宽比低传输延迟重要。

在GFS中，一个大文件被划分成若干个固定大小的数据块，并分布在计算节点的本地硬盘，为了保证数据的可靠性，每一个数据块都保存有多个副本，所有文件和数据块副本的元数据由元数据管理节点管理。GFS的优势：①由于文件的分块粒度大，GFS可以存取PB级的超大文件；②通过文件的分布式存储，GFS可并行读取文件，提供高I/O吞吐率；③GFS可以简化数据块副本间的数据同步问题；④文件块副本策略保证了文件的可靠性。

Bigtable是基于GFS开发的分布式存储系统，它将提高系统的适用性、可扩展性、可用性和存储性能作为设计目标。Bigtable的功能与分布式数据库类似，用于存储结构化或半结构化数据，为Google应用（搜索引擎、Google Earth等）提供数据存储与查询服务。在数据管理方面，Bigtable将一整张数据表拆分成许多存储于GFS的子表，并由分布式锁服务Chubby负责数据一致性管理。在数据模型方面，Bigtable以行名、列名、时间戳建立索引，表中的数据项由无结构的字节数组表示。这种灵活的数据模型保证Bigtable适用于多种不同的应用环境。

由于Bigtable需要管理节点集中管理元数据，所以存在性能瓶颈和单点失效问题。为此，朱塞佩·德坎迪亚等人设计了基于P2P结构的Dynamo存储系统，并应用于Amazon的数据存储平台。借助于P2P技术的特点，Dynamo允许使用者根据工作负载动态调整集群规模。另外，在可用性方面，Dynamo采用零跳分布式散列表结构降低操作响应时间；在可靠性方面，Dynamo利用文件副本机制应对节点失效。由于保证副本强一致性会影响系统性能，所以，为了应对每天数千万的并发读写请求，Dynamo中设计了最终一致性模型，弱化副本一致性，保证提高性能。

2. 数据处理技术与编程模型

PaaS 平台不仅要实现海量数据的存储，而且要提供面向海量数据的分析处理功能。由于 PaaS 平台部署于大规模硬件资源上，所以海量数据的分析处理需要抽象处理过程，并要求其编程模型支持规模扩展，屏蔽底层细节并且简单有效。

MapReduce 是 Google 提出的并行程序编程模型，运行于 GFS 之上。一个 MapReduce 作业由大量的 Map 和 Reduce 任务组成，根据两类任务的特点，可以把数据处理过程划分成 Map 和 Reduce 两个阶段：在 Map 阶段，Map 任务读取输入文件块，并行分析处理，处理后的中间结果保存在 Map 任务执行节点。在 Reduce 阶段，Reduce 任务读取并合并多个 Map 任务的中间结果。MapReduce 可以简化大规模数据处理的难度。首先，MapReduce 中的数据同步发生在 Reduce 读取 Map 中间结果的阶段，这个过程由编程框架自动控制，从而简化数据同步问题；其次，由于 MapReduce 会监测任务执行状态，重新执行异常状态任务，所以程序员不需考虑任务失败问题；再次，Map 任务和 Reduce 任务都可以并发执行，通过增加计算节点数量便可加快处理速度；最后，在处理大规模数据时，Map 任务和 Reduce 任务的数目远多于计算节点的数目，有助于计算节点负载均衡。

虽然 MapReduce 具有诸多优点，但仍有局限性：① MapReduce 的灵活性低，很多问题难以抽象成 Map 操作和 Reduce 操作；② MapReduce 在实现迭代算法时效率较低；③ MapReduce 在执行多数据集的交运算时效率不高。为此，Sawzall 语言和 Pig 语言封装了 MapReduce，可以自动完成数据查询操作到 MapReduce 的映射；加利亚 • 恩亚科等人设计了 Twister 平台，使 MapReduce 有效地支持迭代操作；翰什 · 杨等人设计了 Map-Reduce-Merge 框架，通过加入 Merge 阶段实现多数据集的交叉操作。在此基础上，王玉翔等人将 Map-Reduce-Merge 框架应用于构建 OLAP 数据立方体；文献将 MapRedcue 应用到并行求解、大规模组合优化问题上。

由于许多问题难以抽象成 MapReduce 模型，为了使并行编程框架灵活普适，沃尔特 · 艾萨德等人设计 Dryad 框架。Dryad 采用了基于有向无环图（Directed Acyclic Graph，DAG）的并行模型。在 Dryad 中，每一个数据处理作业都由 DAG 表示，图中的每一个节点表示需要执行的子任务，节点之间的边表示 2 个子任务之间的通信。Dryad 可以直观地表示出作业内的数据流。基于 DAG 优化技术，Dryad 可以更加简单高效地处理复杂流程。同 MapReduce 相似，Dryad 为程序开发者屏蔽 T 底层的复杂性，并可在计算节点规模扩展时提高处理性能。在此基础上，袁宇等人设计了 DryadLINQ 数据查询语言，该语言和 NET 平台无缝结合，并利用 Dryad 模型对 Azure 平台上的数据进行查询处理。

（五）资源管理与调度技术

海量数据处理平台的大规模性给资源管理与调度带来了挑战。研究有效的资源管理与调度技术可以提高 MapReduce、Dryad 等 PaaS 层海量数据处理平台的性能。

1. 副本管理技术

副本机制是 PaaS 层保证数据可靠性的基础，有效的副本策略不但可以降低数据丢失的风险，而且能优化作业完成时间。目前，Hadoop 采用了机架敏感的副本放置策略。该策略默认文件系统部署于传统网络拓扑的数据中心。以放置 3 个文件副本为例，由于同一机架的计算节点间网络带宽高，所以机架敏感的副本放置策略将 2 个文件副本置于同一机架，另一个置于不同机架。这样的策略既考虑了计算节点和机架失效的情况，也减少了因为数据一致性维护带来的网络传输开销。除此之外，文件副本放置还与应用有关，莫汉德·耶·依塔伯克等人提出了一种灵活的数据放置策略 CoHadoop。用户可以根据应用需求自定义文件块的存放位置，使需要协同处理的数据分布在相同的节点上，从而在一定程度上减少了节点之间的数据传输开销。但是，目前 PaaS 层的副本调度大多局限于单数据中心，从容灾备份和负载均衡角度来看，需要考虑面向多数据中心的副本管理策略。郑湃等人提出了三阶段数据布局策略，分别针对跨数据中心数据传输、数据依赖关系和全局负载均衡三个目标对数据布局方案进行求解和优化。虽然该研究对多数据中心间的数据管理起了到优化作用，但是未深入讨论副本管理策略。因此，需在多数据中心环境下研究副本放置、副本选择及一致性维护和更新机制。

2. 任务调度算法

PaaS 层的海量数据处理以数据密集型作业为主，其执行性能受 I/O 带宽的影响。但是，网络带宽是计算集群（计算集群既包括数据中心中物理计算节点集群，也包括虚拟机构建的集群）中的急缺资源，其体现在：①云计算数据中心考虑成本因素，很少采用高带宽的网络设备；② IaaS 层部署的虚拟机集群共享有限的网络带宽；③海量数据的读写操作占用了大量的带宽资源。因此 PaaS 层海量数据处理平台的任务调度需要考虑网络带宽因素。

为了减少任务执行过程中的网络传输开销，可以将任务调度到输入数据所在的计算节点，因此，需要研究面向数据本地性（data-locality）的任务调度算法。Hadoop 以“尽力而为”的策略保证数据本地性。虽然该算法易于实现，但是没有实现全局优化，在实际环境中不能保证较高的数据本地性。为了实现全局优化，费希尔等人为

MapReduce任务调度建立数学模型,并提出了HTA(Hadoop Task Assignment)问题。

该问题为一个变形的二部图匹配,目标是将任务分配到计算节点,并使各计算节点负载均衡。除了保证数据本地性,PaaS层的作业调度器还需要考虑作业之间的公平调度。PaaS层的工作负载中既包括子任务少、执行时间短、对响应时间敏感的即时作业,如数据查询作业,也包括子任务多、执行时间长的长期作业,如数据分析作业。研究公平调度算法可以及时为即时作业分配资源,使其快速响应。因为数据本地性和作业公平性不能同时满足,所以扎哈里亚等人在Max-Min公平调度算法的基础上设计了延迟调度(Delay Scheduling)算法。该算法通过推迟调度一部分作业并使这些作业等待合适的计算节点,以达到较高的数据本地性。但是在等待开销较大的情况下,延迟策略会影响作业完成时间。为了折中数据本地性和作业公平性,沃尔特·艾萨德等设计了基于最小代价流的调度模型fuel,并应用于Microsoft的Azure平台。

3. 任务容错机制

为了使PaaS平台可以在任务发生异常时自动从异常状态恢复,需要研究任务容错机制。MapReduce的容错机制在检测到异常任务时,会启动该任务的备份任务。备份任务和原任务同时进行,当其中一个任务顺利完成时,调度器立即结束另一个任务。Hadoop的任务调度器实现了备份任务调度策略。但是现有的Hadoop调度器检测异常任务的算法存在较大缺陷:如果一个任务的进度落后于同类型任务的20%,Hadoop将把该任务当作异常任务。然而,当集群异构时,任务之间的执行精度差异较大,因而在异构集群中很容易产生大量的备份任务。为此,扎哈里亚等人研究了异构环境下异常任务的发现机制,并设计了LATE(Longest Approximate Time to End)调度器。通过估算Map任务的完成时间,LATE为估计完成时间最晚的任务产生备份。虽然LATE可以有效地避免产生过多的备份任务,但是该方法假设Map任务处理速度是稳定的,所以当Map任务执行速度发生变化,LATE便不能达到理想的性能。

(六)典型的PaaS平台

本部分将介绍三种典型的PaaS平台,即Google AppEngine、Hadoop和Microsoft Azure。这些平台都基于海量数据处理技术搭建,且各具代表性。Google AppEngine是基于Google数据中心的开发、托管Web应用程序的平台。通过该平台,程序开发者可以构建规模可扩展的Web应用程序,而不用考虑底硬件基础设施的管理。AppEngine由GFS管理数据,MapReduce处理数据,并用Sawzall为编程语言提供接口。

Hadoop 是开源的分布式处理平台，其 HDFS、Hadoop MapReduce 和 Pig 模块实现 TGFS、MapReduce 和 Sawzall 等数据处理技术。与 Google 的分布式处理平台相似，Hadoop 在可扩展性、可靠性、可用性方面做了优化，更适用于大规模的云环境。

Microsoft Azure 以 Dryad 作为数据处理引擎，允许用户在 Microsoft 的数据中心构建、管理、扩展应用程序。目前，Azure 支持按需付费，并免费提供 750h 的计算时长和 1GB 数据库空间，其服务范围已经遍布 41 个国家和地区。

SaaS 层面向的是云计算终端用户，提供基于互联网的软件应用服务。随着 Web 服务、HTMLS、Ajax、Mashup 等技术的成熟与标准化，SaaS 应用近年来发展迅速。典型的 SaaS 应用包括 Google Apps、SalesforceCRM 等。

Google Apps 包括 GoogleDocs、GMail 等一系列 SaaS 应用。Google 将传统的桌面应用程序如文字处理软件、电子邮件服务等迁移到互联网，并托管这些应用程序。用户通过 Web 浏览器便可随时随地地访问 Google Apps，不需要下载、安装或维护任何硬件或软件。Google Apps 为每个应用提供了编程接口，使各应用之间可以随意组合。Google Apps 的用户既可以是个人用户也可以是服务提供商。比如企业可向 Google 申请域名为 @example.com 的邮件服务，满足企业内部收发电子邮件的需求。在此期间，企业只须对资源使用量付费，而不必考虑购置、维护邮件服务器、邮件管理系统的开销。

Salesforce CRM 部署于 Force.com 云计算平台，为企业提供客户关系管理服务，包括销售云、服务云、数据云等部分。通过租用 CRM 的服务，企业可以拥有完整的企业管理系统，用以管理内部员工、生产销售、客户业务等。利用 CRM 预定义的服务组件，企业可以根据自身业务的特点定制工作流程。基于数据隔离模型，CRM 可以隔离不同企业的数据，为每个企业分别提供一份应用程序的副本。CRM 可根据企业的业务量为企业弹性分配资源。除此之外，CRM 还为移动智能终端开发了应用程序，支持各种类型的客户端设备访问该服务，实现了泛在接入。

为了使云计算核心服务高效、安全地运行，需要服务管理技术加以支持。服务管理技术包括 QoS 保证机制、安全与隐私保护技术、资源监控技术、服务计费模型等。其中，QoS 保证机制、安全与隐私保护技术是保证云计算可靠性、可用性、安全性的基础。为此，接下来笔者将着重介绍 QoS 保证机制、安全与隐私保护技术的研究现状。

（七）QoS保证机制

云计算不仅要为用户提供满足应用功能需求的资源和服务，同时还需要提供优质的QoS，如可用性、可靠性、可扩展、优性能等，以保证应用顺利高效地执行。这是云计算得以被广泛采纳的基础。首先，用户从自身应用的业务逻辑层面提出相应的QoS需求；其次，为了能够在使用相应服务的过程中始终满足用户的需求，云计算服务提供商需要对QoS水平进行匹配并且与用户协商制定服务水平协议；最后，根据SLA内容进行资源分配以达到QoS保证的目的。

1. IaaS层的QoS保证机制

IaaS层可看作是一个资源池，其中包括可定制的计算、网络、存储等资源，并根据用户需求按需提供相应的服务能力。文献指出，IaaS层所关心的QoS参数主要可分为两类：一类是云计算服务提供者所提供的系统最小服务质量，如服务器可用性及网络性能；另一类是服务提供者承诺的服务响应时间。

为了能够在服务运行过程中有效地保证其性能，IaaS层用户需要针对QoS参数同云计算服务提供商签订相应的SLA。根据应用类型的不同可将SLA分为两类：确定性SLA和可能性SLA。其中确定性SLA主要针对关键性核心服务，这类服务通常需要十分严格的性能保证，如银行核心业务等，因此需要100%确保其相应的QoS需求。对于可能性SLA，通常采用可用性百分比表示，如保证硬件每月99.95%的时间正常运行，这类服务通常并不需要十分严格的QoS保证，主要适用于中小型商业模式及企业级应用。在签订完SLA后，若服务提供商未按照SLA进行QoS保障时，则对服务提供商启动惩罚机制，以补偿对用户造成的损失。

在实际系统方面，近年来出现了若干通过SLA技术实现IaaS层QoS保证机制的商用云计算系统或平台，主要包括Amazon EC2、GoGrid、Rackspace等。

2. PaaS层和SaaS层的QoS保证机制

在云计算环境中，PaaS层主要负责提供云计算应用程序（服务）的运行环境及资源管理，SaaS层提供以服务为形式的应用程序。与IaaS层的QoS保证机制相似，PaaS层和SaaS层的QoS保证也需要经历三个阶段。PaaS层和SaaS层的QoS保证的难点在第三阶段，即资源分配阶段。由于在云计算环境中，应用服务提供商同底层硬件服务提供商之间可以是松耦合的，所以PaaS层和SaaS层在第三阶段需要综合考虑IaaS层的费用、IaaS层承诺的QoS、PaaS层和SaaS层服务对用户承诺的QoS等。

弹性服务是云计算的特性之一，为了保证服务的可用性，应用服务层需要根据业务负载动态申请或释放IaaS层的资源。卡列罗斯等基于排队论设计了负载预测模型，通过比较硬件设施工作负载、用户请求负载及QoS目标，调整了虚拟机的数量。由于同类IaaS层服务可能由多个服务提供商提供，应用服务提供商需要根据QoS协议选择合适的IaaS层服务。为此，肖延平等人设计了基于信誉的QoS部署机制，该机制综合考虑IaaS层服务层提供商的信誉、应用服务同用户的SLA以及QoS的部署开销，选择合适的IaaS层服务。除此之外，由于AmazonEC2的SpotInstance服务可以以竞价方式提供廉价的虚拟机，安杰亚克等人为应用服务层设计了的竞价模型，能够使其在满足用户QoS需求的前提下降低硬件设施开销。

（八）安全与隐私保护

虽然通过QoS保证机制可以提高云计算的可靠性和可用性，但是目前实现高安全性的云计算环境仍面临着诸多挑战：一方面，云平台上的应用程序（或服务）同底层硬件环境间是松耦合的，没有固定不变的安全边界，大大增加了数据安全与隐私保护的难度；另一方面，云计算环境中的数据量巨大（通常都是TB级甚至PB级），传统安全机制在可扩展性及性能方面难以有效满足需求。随着云计算的安全问题日益突出，近年来研究者针对云计算的模型和应用，讨论了云计算安全隐患，研究了云计算环境下的数据安全与隐私保护技术。

1. IaaS层的安全

虚拟化是云计算IaaS层普遍采用的技术。该技术不仅可以实现资源可定制，而且能有效隔离用户的资源。桑坦纳姆等人讨论了分布式环境下基于虚拟机技术实现的“沙盒”模型，以隔离用户执行环境。然而虚拟化平台并不是完美的，仍然存在安全漏洞。基于Amazon EC2上的实验，雷斯特帕特等人发现Xen虚拟化平台存在被旁路攻击的危险。他们在云计算中心放置若干台虚拟机，当检测到有虚拟机和目标虚拟机放置在同一台主机上时，便可通过操纵自己放置的虚拟机对目标虚拟机进行旁路攻击，得到目标虚拟机的更多信息。为了避免基于Cache缓存的旁路攻击，拉杰什·库斯拉帕里等人提出了Cache层次敏感的内核分配方法和基于页染色的Cache划分方法，旨在实现性能与安全隔离。

2. PaaS层的安全

PaaS层的海量数据存储和处理需要防止隐私泄露问题。罗伊等人提出了一种基于MapReduce平台的隐私保护系统Airavat，集成访问控制和区分隐私，为处理关键数据提供安全和隐私保护。在加密数据的文本搜索方面，传统的方法需要对关键词进行完全匹配，但是云计算数据量非常大，在用户频繁访问的情况下，精确匹配返回的结果会非常少，使得系统的可用性大幅降低，李进等人提出了基于模糊关键词的搜索方法，在精确匹配失败后，还将采取与关键词近似语义的关键词集的匹配，达到在保护隐私的前提下为用户检索更多匹配文件的效果。

3. SaaS 层的安全

SaaS 层提供了基于互联网的应用程序服务，并会保存敏感数据，如企业商业信息。因为云服务器由许多用户共享，且云服务器和用户不在同一个信任域里，所以需要对敏感数据建立访问控制机制。由于传统的加密控制方式需要花费很大的计算时间，而且密钥发布和细粒度的访问控制都不适合大规模的数据管理，王玉翔等人讨论了基于文件属性的访问控制策略，通过在不泄露数据内容的前提下将与访问控制相关的复杂计算工作交给不可信的云服务器完成，从而达到访问控制的目的。

从以上研究中可以看出，云计算面临的核心安全问题是用户不再对数据和环境拥有完全的控制权。为了解决该问题，云计算的部署模式被分为公有云、私有云和混合云。

公有云是以按需付费方式向公众提供的云计算服务，如 Amazon EC2、Salesforce CRM。虽然公有云提供了便利的服务方式，但是由于用户数据保存在服务提供商，所以存在用户隐私泄露、数据安全得不到保证等问题。

私有云是在一个企业或组织内部构建的云计算系统。部署私有云需要企业新建私有数据中心或改造原有数据中心。由于服务提供商和用户同属于一个信任域，所以数据隐私可以得到保护。受其数据中心规模的限制，私有云在服务弹性方面与公有云相比较差。

混合云结合了公有云和私有云的特点：用户的关键数据存放在私有云，以保护数据隐私；当私有云工作负载过重时，可临时购买公有云资源，以保证服务质量。部署混合云需要公有云和私有云具有统一的接口标准，以保证服务无缝迁移。

工业界对云计算的安全问题非常重视，并为云计算服务和平台开发了若干安全机制，其中 Sun 公司发布开源的云计算安全工具可为 Amazon EC2 提供安全保护。微软公司发布的基于云计算平台 Azure 的安全方案，以解决虚拟化及底层硬件环境中的安全性问题。

第五节 云计算的机遇与挑战

云计算的研究领域广泛，并且与实际生产应用紧密结合。纵观已有的研究成果，还可从以下两个角度对云计算做深入研究：①拓展云计算的外沿，将云计算与相关应用领域结合（本节以移动互联网和科学计算为例，分析新的云计算应用模式及尚需解决的问题）；②挖掘云计算的内涵，讨论云计算模型的局限性（本节以端到云的海量数据传输和大规模程序调试诊断为例，阐释云计算面临的挑战）。

一、云计算和移动互联网的结合

云计算和移动互联网的联系紧密，移动互联网的发展丰富了云计算的外沿。由于移动设备在硬件配置和接入方式上具有特殊性，所以有许多问题值得研究。首先，移动设备的资源是有限的。访问基于 Web 门户的云计算服务往往需要在浏览器端解释执行脚本程序，因此会消耗移动设备的计算资源和能源。虽然为移动设备定制客户端可以减少移动设备的资源消耗，但是移动设备运行平台种类多、更新快，导致定制客户端的成本相对较高。因此需要为云计算设计交互性强、计算量小、普适性强的访问接口。其次，网络接入问题。对于许多 SaaS 层服务来说，用户对响应时间比较敏感，但是移动网络的时延比固定网络要高，而且容易丢失链接，导致 SaaS 层服务可用性降低。因此，需要针对移动终端的网络特性对 SaaS 层服务进行优化。

二、云计算与科学计算的结合

科学计算领域希望以经济的方式求解科学问题，云计算可以为科学计算提供低成本的计算能力和存储能力。但是，在云计算平台上进行科学计算面临着效率低的问题。虽然一些服务提供商推出了面向科学计算的 IaaS 层服务，但是和传统的高性能计算机相比仍有差距。研究面向科学计算的云计算平台首先要从 IaaS 层入手。IaaS 层的 I/O 性能成为影响执行时间的重要因素原因有二：①网络时延问题，MPI 并行程序对网络时延比较敏感，传统高性能计算集群采用 InfiniBand 网络降低传输时延，但是目前虚拟机对 InfiniBand 的支持不够，不能满足低时延需求；② I/O 带宽问题，虚拟机之间需要竞争磁盘和网络 I/O 带宽，对数据密集型科学计算的应用，I/O 带宽的减少会延长执行时间。要在 PaaS 层研究面向科学计算的编程模型。虽然莫雷蒂等人提出了面向数据密集型科学计算的 All-Pairs 编程模型，但是该模型的原型系统只运行于小规模集群，并不能保证其可扩展性。最后，对于复杂的科学工作流，要研究如何根据执行状态与任务需求动态申请和释放云计算资源，优化执行成本。

三、端到云的海量数据传输

云计算将海量数据在数据中心进行集中存放，对数据密集型计算应用提供强有力的支持。目前许多数据密集型计算应用需要在端到云之间进行大数据量的传输，如 AMS-02 实验每年将产生约 170TB 的数据量，需要将这些数据传输到云数据中心存储和处理，并将处理后的数据分发到各地研究中心进行下一步的分析。若每年完成 170TB 的数据传输，至少需要 40Mbids 的网络带宽，但是这样高的带宽需求很难在当前的互联网中得到满足。按照 Amazon 云存储服务的定价，若每年传输上述数据量，则需花费数万美元，这还不包括支付给互联网服务提供商的费用。由此可见，端到云的海量数据传输将耗费大量的时间和金钱。由于网络性价比的增长速度远远落后于云计算技术的发展速度，目前传输主要通过邮寄的方式将存储数据的磁盘直接放入云数据中心，这种方法仍然需要相当的经济费用，并且运输过程中容易导致磁盘损坏。为了支持更加高效快捷的端到云的海量数据传输，需要从基础设施层面入手研究下一代网络体系结构，改变网络的组织方式和运行模式，提高网络吞吐量。

四、大规模应用的部署与调试

云计算采用虚拟化技术在物理设备和具体应用之间加入了一层抽象，这要求原有基于底层物理系统的应用必须根据虚拟化做相应的调整才能部署到云计算环境中，从而降低系统的透明性和应用对底层系统的可控性。云计算利用虚拟技术能够根据应用需求的变化弹性地调整系统规模，降低运行成本。因此，对于分布式应用，开发者必须考虑如何根据负载情况动态分配和回收资源。但该过程很容易产生错误，如资源泄漏、死锁等。上述情况给大规模应用在云计算环境中的部署带来了巨大挑战，为解决这一问题，需要研究适应云计算环境的调试与诊断开发工具以及新的应用开发模型。

五、东南大学云计算平台

东南大学在云计算领域进行了许多有效的尝试，也获得了较为丰硕的研究与应用成果。东南大学云计算平台的一个典型应用是 AMS-02（Alpha Magnetic Spectrometer 02）海量数据处理。

AMS-02 实验是由诺贝尔物理学奖获得者丁肇中教授领导的由美、俄、德、法、中等国家和地区共 800 多名科学家参加的大型国际合作项目，其目的是寻找由反物质所组成的宇宙和暗物质的来源以及测量宇宙线的来源。AMS-02 探测器于 2011 年 5 月 16 日搭乘美国奋进号航天飞机升空至国际空间站，将在国际空间站上运行 10~18 年，其间大量的原始数据将传送到分别设立在瑞士 CERN 和中国东南大学的地面数据处理中心(Scientific Operation Center,SOC),由地面数据处理中心对其进行传输、存储、处理、计算和分析。

东南大学针对 AMS-02 海量数据处理的前期理论工作主要集中于网格环境下的自适应任务调度、分布式资源发现,以及副本管理等方面。随着 AMS-02 探测器的升空和运行,AMS-02 实验对实际处理平台提出了更高的要求:首先,AMS-02 实验相关的数据文件规模急剧增加,需要更大规模、更加高效的数据处理平台的支持;其次,该平台需要提供数据访问服务,以满足世界各地的科学家分析海量科学数据的需求。

为了满足 AMS-02 海量数据处理应用的需求,东南大学构建了相应的云计算平台,该平台提供了 IaaS、PaaS 和 SaaS 层的服务。IaaS 层的基础设施由 3500 颗 CPU 内核和容量为 800TB 的磁盘阵列构成,提供虚拟机和物理机的按需分配。在 PaaS 层,数据分析处理平台和应用开发环境为大规模数据分析处理应用提供编程接口。在 SaaS 层,以服务的形式部署云计算应用程序,便于用户访问与使用。

对于 AMS-02 海量数据处理应用,东南大学云计算平台提供了如下支持:

首先,云计算平台可根据 AMS-02 实验的需求,为其分配独占的计算集群,并自动配置运行环境,如操作系统、科学计算函数库。通过利用资源隔离技术,既保证了 AMS-02 应用不会受到其他应用的影响,又为 AMS-02 海量数据处理应用中执行程序的更新和调试带来便利。

其次,世界各国物理学家可通过访问部署于 SaaS 层的 AMS-02 应用服务,得到所需的原始科学数据和处理分析结果,以充分实现数据共享和协同工作。

最后,随着 AMS-02 实验的不断进行,待处理的数据量及数据处理的难度会大幅增加。此时相应的云计算应用开发环境将为 AMS-02 数据分析处理程序提供编程接口,在提供大规模计算和数据存储能力的同时,简化海量数据处理的难度。

除了 AMS-02 实验之外,东南大学云计算平台针对不同学科院系的应用需求,还分别部署了电磁仿真、分子动力学模拟等科学计算应用。由于这些科学计算应用对计算平台的性能要求较高,因此为了优化云计算平台的运行性能,也进行了大量理论研究工作。

针对海量数据处理应用中数据副本的选择问题,在综合考虑副本开销及数据可用性因素的基础上提出一种基于 QoS 偏好感知的副本选择策略,通过实现灵活可靠的副本管理机制提高应用的数据访问效率。

针对大规模数据密集型任务的调度问题,提出了一个低开销的全局优化调度算法 BAR。BAR 能够根据集群的网络与工作负载动态调整数据本地性，采用网络流思想，结合负载均衡策略，获得最小化的作业完成时间，为 AMS-02 等相关数据密集型任务的高效调度与执行提供了保证。

除了针对科学计算应用之外，东南大学在现有云计算平台的基础上，对云计算环境中的若干共性问题也进行了相应的研究。

在 IaaS 层，部署了开源云计算系统 OpenQRM。基于该系统研究虚拟机的放置、部署与迁移机制，完善其资源监控策略，使云计算平台可以快速感知资源工作负载的变化，从而提供弹性服务。此外，还基于经济模型，探讨了云计算数据中心的资源管理、能耗及服务定价之间的关系。

在 PaaS 层，深入分析了 Hadoop 平台上的资源管理与调度机制，对多数据中心间的副本管理策略进行了研究。在此基础上，利用云计算在海量数据存储与处理方面的优势，将云计算应用于 OLAP 聚集计算和大规模组合优化问题的求解。

在 SaaS 层，针对移动社会网络中位置信任安全问题，开发设计了基于云计算的位置信任验证服务系统。该系统分为智能手机客户端和云计算平台端两部分。其中，在智能手机客户端，系统提取用户位置属性，并使用蓝牙无线传播技术进行位置信任凭证的收集；在云计算平台上，基于凭证收集和验证算法，系统利用云计算弹性服务的特点来满足大规模用户的验证需求。

第二章 大数据的认知

第一节 大数据的概念

一、大数据的概念

大数据是指无法在一定时间内用传统数据库软件工具对其内容进行抓取、管理和处理的数据集合。这个定义并不严谨，然而这是各种学术和应用领域广泛引用的一个定义，如果接着以大数据的四个特征作为补充，就能给出一个较为清晰的大数据的概念。《促进大数据发展行动纲要》指出，大数据是以容量大、类型多、存取速度快、应用价值高为主要特征的数据集合。

二、大数据的特征

大数据有四个主要特征。

（一）数据容量大

容量大是大数据区别于传统数据最显著的特征。通常关系型数据库处理的数据容量在 TB 级，大数据技术所处理的数据容量通常在 PB 级以上。

（二）数据类型多

大数据技术所处理的计算机数据类型早已不是单一的文本形式或者结构化数据库中的表，它包括网络日志、音频、视频、机器数据等各种复杂结构的数据。

（三）数据存取速度快

存取速度是大数据区别于传统数据的重要特征。在海量数据面前，需要快速实时存取和分析需要的信息，处理数据的效率就是组织的生命。

（四）数据应用价值高

在研究和技术开发领域，上述三个特征已经足够表征大数据的特点。然而在商业应用领域，第四个特征则显得非常关键。投入如此巨大的研究和技术开发的努力，就是由于大家都洞察到了大数据的潜在巨大应用价值。如何通过强大的机器学习和高级分析更迅速地完成数据的价值"提纯"，挖掘出大数据的应用价值，这是目前大数据技术应用的发展重点。

三、大数据分析的概念界定

（一）何谓大数据分析

大数据分析是指用适当的统计分析方法对收集来的大量数据进行分析，提取有用的信息以及对数据加以详细研究和概括总结的过程。在实际应用中，大数据分析可帮助人们做出判断，便于采取适当行动。从字面上拆开，"大数据"与"分析"两个词即为大数据分析基本概念的两个方面：一方面包括采集、加工和整理数据；另一方面包括分析数据，从中提取有价值的信息并形成对业务有帮助的结论。形象地说，分析是骨架，数据是血肉。一份没有分析的数据，没有人的加工、整理、分析，没有和具体行为产生关联，也就毫无价值。一份没有数据的分析，很难做到言之有理、言之有信、言之有据。

（二）大数据分析与传统数据分析的比较

数据分析早已有之，在统计学领域，有些人将数据分析划分为描述性统计分析、探索性数据分析以及验证性数据分析。其中，探索性数据分析侧重于在数据中发现新的特征，而验证性数据分析则侧重于已有假设的证实或证伪。大数据分析和数据分析相比，既有相通之处，也有改革提升之处。为了更好地理解大数据分析内涵，本书从三个方面对数据分析和大数据分析进行了对比。

1. 在分析方法上，两者并没有本质不同

"传统数据分析"的核心工作是人对数据指标的分析、思考和解读，人脑所能承载的数据量是极其有限的。因此，无论是"传统数据分析"，还是"大数据分析"，均需将原始数据按照分析思路进行统计处理，得到概要性的统计结果供人分析。两者在这个过程中是类似的，区别只是原始数据量大小所导致处理方式的不同。比如，用Excel和数据库，使用编程和分布式系统等。21世纪初，咨询公司为企业客户做数据分析项目，基本不写程序，主要用Excel处理，最多从数据库中获取原始数据时写几句SQL语句。近两年，由于各行各业的数据量迅猛增长，这些咨询公司也开始学习编程处理数据。面对大数据的场景，处理数据的过程通常是确定分析思路，通过脚本编程（有时候用到分布式平台）处理庞大的原始数据（通常以日志方式存储），得到少量的核心维度和指标的数据后，用Excel等软件处理分析这些指标结果，得出分析结论。由于“传统数据分析”和“大数据分析”的区别体现在数据处理方法上，因此，两者在分析方法上是一致的。

2. 在对统计学知识的使用重心上，两者存在较大的不同

“传统数据分析”使用的统计知识主要围绕“能否通过少量的抽样数据来推测真实世界”这一主题展开，比如衡量一次抽样统计的置信性（能否从统计概率的角度相信）等。在大数据时代，由于互联网和长尾经济的兴起，涌现出大量的个性化匹配场景（如购物网站的推荐系统）。这些场景一方面可供划分的特征非常多（如用户的特征、商品的特征、场景的特征）；另一方面又累积了大量的历史样本，使得“大数据分析”的主题转变成如何设计统计方案可得到兼具细致和置信的统计结论。

3. 在与机器学习模型的关系上，两者有着本质差别

“传统数据分析”在大部分情况下，只是将机器学习模型当作黑盒工具来辅助分析数据（黑盒工具：软件领域的概念，只关心了解模块的输入和输出，但不清楚内部的实现原理）。而“大数据分析”，更多时候是两者的紧密结合，大数据分析产出的不仅是一份分析报告，还包括业务系统中的建模潜力点，甚至产出模型的原型和效果评测，后续也要基于此升级产品。在大数据分析的场景中，数据分析通常是数据建模的前奏，数据建模是数据分析的成果。

（三）大数据分析的影响因素

大数据分析是企业的一种能力，数据分析本身是一个过程，数据分析的本质是一种思想。影响大数据分析的因素有四个，即技术和方法、数据的应用、商务模式、制度和规则。

技术和方法，是指信息采集技术、数据库架构、数据处理技术、算法、可视化等，它们都会在很大程度上对大数据分析产生根本性的限制或改变，这就是分布式存储、运算等技术成熟后，大数据这一概念被热捧的一个原因。数据的应用，更准确地说，数据应用在一个企业、一个行业甚至全社会中被理解得程度有多深、使用范围有多广，决定了数据影响力能够达到的程度。商务模式是一个当数据能力在市场中体现时才会发挥作用的因素，好的商务模式可以为行业内、跨行业的数据应用、数据产品提供好的商业环境，帮助其成长；坏的商务模式可能毁掉一个好的数据产品。制度和规则既有国家层面的（例如数据安全保障方面的法规），也有行规、企业内部制度等。这些制度和规则保障了数据能够被用在需要且正确的地方，而不是被滥用（某种程度上，制度和规则的缺失也是造成数据安全问题、行业数据标准混乱的主要原因）。

四、大数据分析的基本原理

（一）数据核心原理

数据核心原理，在大数据时代，数据分析模式发生了转变，从以“流程”为核心转变为以“数据”为核心。因为大数据产生的海量非结构化数据及分析需求，已经改变了 IT 系统的升级方式：从简单增量到架构变化。Hadoop 体系的分布式计算框架，正是以“数据”为核心的范式。

科学进步越来越多地由数据来推动，海量数据给大数据分析既带来了机遇，也构成了新的挑战。大数据通常是利用众多技术和方法，综合源自多个渠道、不同时间的信息而获得的。为了应对新的挑战，需要新的统计思路和计算方法——用数据核心思维方式思考问题、解决问题。以数据为核心，反映了当下 IT 产业的变革，数据成为人工智能的基础，也成为智能化的基础，数据比流程更重要，数据库、记录数据库，都可开发出深层次信息。云计算可以从数据库、记录数据库中搜索出你是谁、你需要什么，进而推荐给你需要的信息。

（二）数据价值原理

数据价值原理，是指大数据分析不强调具体的功能，而是强调数据产生价值。从功能体现价值转变为数据体现价值，说明数据和大数据的价值在扩大，数据为“王”的时代到来了。数据被解释为信息，信息常识化是知识，所以说数据解释、大数据分析能产生价值。数据分析能发现每一个客户的消费倾向，他们想要什么、喜欢什么，每个人的需求有哪些区别，哪些又可以被集合到一起进行分类。大数据是数据数量上的增加，以至于能够实现从量变到质变的过程。比如，一张照片，照片里的人在骑马，照片每一分钟、每一秒都要拍一张，然而随着处理速度越来越快，从 1 分钟 1 张到 1 秒钟 1 张，突然到 1 秒钟 10 张后，就产生了电影。当数量的增长实现质的变化时，就从照片变成了一部电影。

（三）预测原理

预测原理，是指大数据分析使得很多事情从不能预测转变为可以预测。大数据分析，不是要让机器像人一样思考，而是把数学算法运用到海量的数据上来预测事情发生的可能性。

世界杯预测模型的方法与设计其他事件的模型相同，诀窍就是在预测中去除主观性，让数据说话。预测性数学模型几乎不算新事物，然而它们正变得越来越准确。在这个时代，大数据分析能力终于开始赶上数据收集能力，分析师不仅有比以往更多的信息可用于构建模型，也拥有了在短时间内通过计算机将信息转化为相关数据的技术。

此外，随着系统接收到的数据越来越多，通过记录找到最好的预测与模式，可以对系统进行改进。它通常被视为人工智能的一部分，更确切地说，是一种机器学习。真正的革命并不在于分析数据的机器，而在于数据本身和如何运用数据。

（四）信息找人原理

信息找人原理，是指通过大数据分析，从人找信息转变为信息找人。过去，是通过搜索引擎查询信息；现在，是通过推荐引擎，合适的信息以合适的方式直接传递给合适的人。从这个方面来说，大数据分析还改变了信息优势。

大数据分析的其中一个核心目标是要从体量巨大、结构繁多的数据中挖掘出隐蔽在背后的规律，进而使数据发挥最大的价值。从人找信息到信息找人，是交互时代的一个转变，也是智能时代的要求。信息找人原理，本质上是要求大数据分析要以人为本，由计算机代替人去挖掘信息、获取知识。从各种各样的数据（包括结构化、半结构化和非结构化数据）中快速获取有价值的信息，提供所需要的信息。

第二节　大数据的处理技术

一、大数据应用分析的四个层面

大数据应用分析从实务角度可以划分为四个层面。

（一）第一个层面：器

器主要指分析数据用的利器，包括硬件和软件两大方面。硬件包括计算机、移动设备、传感器、视频音频设备等；软件包括数据库系统、文字处理软件、数据分析软件、数据采集软件、数据转换软件、图像处理软件和专用的工具模块等。

（二）第二个层面：技

技主要指分析数据的技术和方法，包括四个方面的主要内容：

1. 方法

适用于大数据的一些技术，包括大规模并行处理（MPP）数据库、数据挖掘、分布式文件系统、分布式数据库、云计算平台、互联网、可扩展的存储系统，以及具体的技术和方法。例如，如何在系统庞大的企业管理软件中下载数据，如何采集大型关系数据库中的数据，如何采集视频音频数据，如何在动态数据中定位采集分析需要的数据，当数据被恶意删除后如何恢复。

2. 参数

为了解读数据的含义，做出明确的判断，务必有对照的标准数据，标准数据包括法律法规、行业标准、技术参数、历史数据等。

3. 函数

数据分析人员会在平时的分析中积累大量的模块，建立常用的函数库。

4. 案例

在数据分析工作中经历过的具有典型性和普遍借鉴意义的事件总结。

在方法、参数、函数和案例四个方面中，方法、参数是公开的、共享的；函数常常带有私有性、专属性的特点，需要数据分析人员凭借自己的努力积累和沉淀；经典案例则具有更显著的放射性效果，仁者见仁、智者见智，每个人都可以品味出有益的味道。

（三）第三个层面：道

道指分析数据的思维方式。大数据的数据量巨大、类型繁多、瞬息万变，如何在浩瀚无际的汪洋大海中捞到细如毫发的一根针？关键是要有一个清晰明确的分析思路，我们称之为大数据分析的思维方式。大数据分析的思维方式可以有多种，其中最基础的是特征发现。特征发现包括特征枚举、特征捕捉和特征分析三个步骤。特征发现的前提是任何行为都是有痕迹、有特点的。归纳不同行为的特征，然后去观察分析对象中有没有这类痕迹，若发现有类似特征，就捕捉含有此类特征的痕迹数据，进行解读分析。

（四）第四个层面：美

这里的“美”是指审美活动。为什么要谈起这个问题呢？特征发现思维方式包括公理、数据、演绎三个要素。公理是先人发现总结并且被人们所公认的，奉为圭臬，是分析数据的标准。有了这个标准，我们才能开展分析活动，才能解析数据的意义。然而公理、定律这类东西是被逐步发现的。世界越发展、人类的研究活动越深入，数据的联系也越来越复杂，需要研究和回答的困惑或问题就越多，出现了许多新变化、新情况、新问题，原来的公理、定律可能不够用了，有的可能还暴露出了缺陷和问题，需要完善或者推翻重来。如何在没有公理、定律这些标准的时候去开展分析呢？如何在前人从未遇到过的数据面前开展数据分析呢？这个时候特别需要强调直觉和想象力。很多科学家都认为，在科学研究中要想有所发现和发明，要想获得创造性的成果，必须依赖直觉和想象。爱因斯坦十分强调想象、直觉、灵感在科学研究中的作用。他认为，科学体系中的概念和命题都是思维的自由创造，因此必须突破形式逻辑的局限。他说："相信直觉和灵感想象力比知识更重要，因为知识是有限的，而想象力概括着世界上的一切，推动着进步，并且是知识进化的源泉。严格地说，想象力是科学研究中的实在因素。"他还说："物理学家的最高使命是要得到那些最普遍的基本规律，由此世界体系就能用单纯的演绎法建立起来。要通向这些定律，并没有逻辑的道路，只有通过那种以对经验的共鸣的理解为依据的直觉，才能得到这些定律。"

二、四个层面的关系

上面介绍的器、技、道和美四个层面可对应到大数据分析的四个方面，分别是：工具软件；技术方法；思维方式；感觉想象。

在大数据分析的完整过程中，数据是核心，是分析的对象。围绕数据中心，器是工具，是分析师手中的武器。大数据是数字化的，肉眼是不可见的，而且有些数据需要在一定的语境下才能识读，如传感器数据、卫星数据等，要经过多次的转换翻译才能辨识。同时，所有数字化数据都是有严格格式的，都需要在特定的系统中才能处理。更为重要的是，在许多大数据分析软件和工具开发厂商都进行了艰辛的研究，提供了许多成熟的方法和技术，固化了许多经验，为数据分析师提供了许多方便，非常有益于开展分析。器是基本，是前提，是必不可少的。但是有了这个工具，如何使用，使之发挥最大的功能，就来到了第二个层面——技术和方法。工具再好，即便是具有学习能力的软件也是人设计的，要发挥它的作用，需要使用者掌握熟练的技能和技巧。对一些经典技术和方法要反复训练、反复实践，达到熟能生巧的境界。在掌握了成熟的技术以后，能否有效地开展分析，从数据的矿藏中开发和冶炼出真金白银，就要看分析者的思维方式是否科学、概括特征是否准确、捕捉痕迹是否敏锐、辨别规律是否科学。在全部的分析过程中，思维方式是一个纲，是思路，是灵魂，是统领全部分析活动的。分析思路是否正确、思维是否清晰，常常决定着分析活动的成败。事情到这里并没有结束。有时候分析活动会出现这样的现象：分析师做了大量工作，然而分析始终停留在一定的水平上，挖掘不出更大的宝藏。这就要从美的层面去寻找原因，最根本的原因是分析者缺乏创造性思维，特别是面对从来没有见到过的数据、面对从来没有开展过的分析、面临缺乏标准的困惑时缺少感觉和想象力，缺少灵光闪现。

从上面的简要论述中体会到，在数据分析动态过程中，器、技、道和美是循环往复出现的，各司其职，完美融合在一起发挥作用，相互补充、相得益彰。

第三节　大数据的特点

大数据的特征可以体现在以下几个方面：从容量来讲，数据的大小决定所考虑的数据的价值和潜在的信息；从种类上看，数据类型具有多样性；在速度方面，指获得数据的速度要求非常快；从复杂性方面来讲，数据量巨大，来源多渠道；在可变性、真实性等方面，大数据都具有自己的特征。

一、数据容量大

在美国易安信公司 2014 年发布的数据报告《充满机会的数字宇宙：丰富的数据和物联网不断增长的价值》中，对年度数据产生量进行了量化与评估预测。报告显示，2013 年全球数据量为 4.4 ZB，在接下来的十年，全球数据量仍将保持 40% 的速度增长，每两年翻一番，2013 年到 2020 年全球数据量将增长十倍，由 4.4 ZB 增至 44 ZB。由此可见，大数据的显著特征就是巨大的数据容量，为了对 TB、PB、EB、ZB 级别进行说明，下面给出了各数据衡量单位之间的换算关系：

1 kilobyte kB=1 000=（103）byte

1 megabyte MB=1 000 000=（106）byte

1 gigabyte GB=1 000 000 000=（109）byte

1 terabyte TB=1 000 000 000 000=（1012）byte

1 petabyte PB=1 000 000 000 000 000=（1015）byte

1 exabyte EB=1 000 000 000 000 000 000=（1018）byte

1 zettabyte ZB=1 000 000 000 000 000 000 000=（1021）byte

1 yottabyte YB=1 000 000 000 000 000 000 000 000=（1024）byte

1 nonabyte NB=1 000 000 000 000 000 000 000 000 000=（1027）byte

1 doggabyte DB=1 000 000 000 000 000 000 000 000 000 000=（1030）byte

报告中将其形容为，假设一个字节的数据是 1 加仑水的话，仅 10 秒钟就会有足够的数据填满一个普通房子。

二、数据类型多

根据数据结构，数据可以划分为结构化数据、半结构化数据和非结构化数据。如今，人们会借助互联网发布各种信息，如网络日志、社会数据、互联网文本和文件，互联网搜索索引，呼叫详细记录，天文学、大气科学、基因组学、生物和其他复杂或跨学科的科研数据，军事侦察、医疗记录、摄影档案馆视频档案，大规模的电子商务信息等。大数据的概念不仅涵盖这些发布的信息，同时全世界范围内的工业设备、汽车、电表上的数码传感器，随时测量和传递着有关位置、运动、振动、温度、湿度乃至空气中化学物质的变化，也产生了海量的数据信息。传统数据分析中，大多研究是基于结构化数据展开的，而在大数据时代，以文本、图像、声音、视频等形式存在的半结构化数据和非结构化数据充斥在互联网中。

结构化数据是我们传统使用习惯上的数据形式，基本是表格式的数据，目前对结构化数据的处理技术已经相当成熟，通常用关系型数据库进行结构化数据的处理。而如今，在企业和人们日常生活中接触到的半结构和非结构化数据越来越多，高清图像、视频、音频等多媒体文件都属于非结构化数据。大数据环境下，对存储、管理和处理这些复杂的多形态的数据提出了更高要求。Hadoop 的流行降低了非结构化数据的处理难度，对非结构化数据的处理将是大数据挖掘的重要方向。而半结构化数据是介于结构化数据和非结构化数据之间的一种数据，它是结构化的数据，然而结构变化很大，不能完全按照非结构化或者结构化数据的处理方式来处理。

三、商业价值高

大数据的价值一方面是通过大数据挖掘，发现以往没有发现的新规律和新知识；另一方面可以是新的结果，能够直接应用到相关的生产经营当中，产生直接的经济效益。通常价值密度的高低与数据总量的大小成反比。以遍布城市各地的监控视频为例，一部 1 小时的视频，在连续不间断的监控中，有用数据可能仅有一两秒。2013 年，数字宇宙中 22% 的信息被视为有用数据，但实际上仅有不到 5% 的有用数据得到了分析。到 2020 年，由于物联网带来的数据增长，所有数据中 35% 的数据将被视为有用数据。如何通过强大的机器算法更迅速地完成数据的价值“提纯”，成为目前大数据背景下亟待解决的难题。

四、处理速度快

大数据背景下，巨大的数据量需要采用有效的方法进行数据分析，才能在科学决策中发挥关键作用。而此时，数据分析必须体现出其时效性。一个数据分析结果如果错过了其应用的时机，即使结果再有价值，也将毫无意义。大数据与传统数据挖掘的显著区别在于对计算时效的要求上。通常来说，大数据分析具有 1 秒定律的特性，也就是说，通常要在秒级时间范围内给出分析结果，时间太长就失去了价值，客户的体验时间就在 1 秒之内。事实上，当面对蕴含巨大商业价值的海量数据时，数据处理效率就是企业的生命。传统的数据处理方式已经无法满足如此海量的数据高效处理需求，大数据时代对数据驾驭能力提出了新的挑战，也为人们获得更为深刻和全面的潜在价值提供了机遇。

综上所述，可以从全新的视角理解大数据的大、多、高、快特点，即大数据因为数据量大且数据本身也大，而形成多系统、多网络、多形态模式的数据，其解决问题的技术手段要求也相应较高；同时，为了让数据快速运行，势必要求大数据的运行是分布式的、多线程的、虚拟存储的（架构）模式。除此以外，大数据在真实性、可变性、价值密度等方面，也具有一定的特殊性。

第四节 大数据的核心价值

大数据的价值要依靠挖掘和分析才能体现出来。因此，人们通常说的大数据价值其实是指大数据分析的价值。

一、从时间维度看大数据分析的价值

从时间维度来看，大数据分析的价值主要体现在以下三个方面：

（一）总结过去

历史的记载有时不够全面和完整，它们或有所选择，或有所美化。但在信息时代，人类利用大数据可将移动终端、社交媒体、传感器等媒介上的碎片化的资料、数据和信息融合在一起，通过分析海量数据来总结具有普遍性的规律，进而发现新的知识。这为人类更加全面、完整、客观地记录历史、总结历史经验知识提供了可能。

（二）优化现在

“互联网+”环境下，“互联网+大数据+传统产业”不是简单相加，而是进行跨界、融合，充分实现互联网与传统产业的优势互补，借助行业大数据实现创新和自身发展。近年来，零售业、旅游业、新闻出版产业及金融服务业等传统产业，借助大数据分析实现了巨大变革。例如引入基于位置的服务（LBS）、数据挖掘和个性化推荐

技术等提取用户行为偏好,进行精准营销。因此,大数据分析可以让我们把事物的全貌及隐含的特征看得更清楚、更明白,为当下的发展提供最大的决策支持。

（三）预测未来

信息时代存在巨大的不确定性,而减少不确定性的依据应是数据和基于数据分析得出的结论。未来,利用发达的科学技术可对大数据进行分析,进而预测人类的行为。例如,通过研究分析大数据来预测客户的购买行为、信用行为以及规避金融风险等。科学家可通过严谨、科学的方法来整理已知的海量数据信息,挖掘其内在规律、分析其发展趋势。因此,大数据有可能让我们更好地预测未来。

二、从宏观应用看大数据分析的价值

信息技术与经济社会的交汇融合引发了数据的迅猛增长,数据已成为国家的基础性战略资源。大数据正日益对全球生产、流通、分配、消费活动,以及经济运行机制、社会生活方式和国家治理能力产生重要影响。深化大数据应用已成为我国稳增长、促改革、调结构、惠民生和推动政府治理能力现代化的内在需要和必然选择。

（一）推动经济转型发展的新动力

以数据流引领技术流、物质流、资金流、人才流将深刻影响社会分工协作的组织模式,促进生产组织方式的集约和创新。大数据推动社会生产要素的网络化共享、集约化整合、协作化开发和高效化利用,改变了传统的生产方式和经济运行机制,可显著提升经济运行水平和大数据持续激发商业模式创新,不断催生新业态,已成为互联网等新兴领域促进业务创新增值、提升企业核心价值的重要驱动力。大数据产业正在成为新的经济增长点,将对未来信息产业格局产生重要影响。

（二）大数据成为重塑国家竞争优势的新机遇

在大数据上升为国家战略的背景下,包括通信、金融、交通、电力、政务、教育、医疗等在内的各行业都在大力拥抱大数据,大数据已成为国家重要的基础性战略资源,正引领新一轮科技创新。充分利用我国的数据规模优势,实现数据规模、质量和应用水平同步提升,发掘和释放数据资源的潜在价值,有利于更好地发挥数据资源的战略作用,增强网络空间数据主权保护能力,维护国家安全,有效地提升国家竞争力。

（三）大数据成为提升政府治理能力的新途径

大数据应用能够揭示传统技术方式难以展现的关联关系,推动政府数据开放共享，促进社会事业数据融合和资源整合，极大地提升政府整体数据分析能力，为有效处理复杂社会问题提供新的手段。建立“用数据说话、用数据决策、用数据管理、用数据创新”的管理机制，实现基于数据的科学决策，将推动政府管理理念和社会治理模式进步，加快建设与社会主义市场经济体制和中国特色社会主义事业发展相适应的法治政府、创新政府、廉洁政府和服务型政府，逐步实现政府治理能力的现代化。

三、从行业应用看大数据分析的价值

依据行业应用的不同，大数据分析的价值也有不同体现。

（一）传统行业应用大数据分析的价值

传统行业是以劳动密集型、制造加工为主的行业，而传统行业拥抱互联网已经是大势所趋。目前金融、餐饮、钢铁、农业等传统行业已经趁势而上。尤其值得指出的是，互联网金融异军突起，像具有电商平台性质的阿里金融正依据大数据收集和分析进行用户信用评级，进而防范信用风险保障交易安全。

传统行业拥抱互联网，需要完成传统管理系统与互联网平台、大数据平台的对接和融合，因而势必将产生海量数据。传统行业可利用大数据分析调整产品结构，实现产业结构升级，优化采购渠道，实现销售渠道的多元化，实现产业融合和跨界创新，创新商业模式。

（二）新兴行业应用大数据分析的价值

新兴行业相对于传统行业而言，主要涉及节能环保、新一代信息技术、生物、高端装备制造、新能源、新材料及新能源汽车七个产业。

新兴行业与传统行业不同，其本身具有高信息化、高网络化、高科技的特点。从其诞生之日起，就具备了大数据的基因，也为大数据的分析利用提供了良好的土壤。例如，可穿戴智能设备 APPle Watch，它就是为信息时代而生的，产生的大数据可实现非接触数据传输、基于位置服务等。大数据在新兴行业的应用价值更多体现在优化服务、提升用户体验、实现个性化推荐及提高竞争能力等方面。

四、从企业应用看大数据分析的价值

企业大数据分析的价值主要体现在采购、制造、物流、销售等供应链的各个环节。例如，采购方面，依靠大数据进行供应商分析评价，以此更好地与供应商谈判；制造方面，生产的各个环节可以利用大数据来分析进而优化库存和运作能力；物流方面，应用大数据分析来指导交通线路规划和日常设计；销售方面，应用大数据分析消费者偏好、行为，实现精准营销。总而言之，大数据分析对于企业的最大价值：实现供应链可视化、优化需求计划、强化风险管理、实现营销精准化和决策科学化。

（一）实现供应链可视化

可视化（Visualization）是利用计算机图形学和图像处理技术，将数据转换成图形或图像在屏幕上显示出来，并进行交互处理的理论、方法和技术。

企业利用大数据分析可提供更具直观性的数据可视化服务，为供应链的全貌提供切实可见的视觉效果。

第一，供应链可视化的实现便于相关人员更好地理解整个供应链的运作流程，进而便于交流和控制。

第二，可视化的实现也可简化供应链复杂的流程，使整体供应链流程一目了然，增强审视和管理。

第三，供应链可视化的实现有利于处理异议。从心理学角度讲，讨论过程中出现不同观点时，争论的双方若看到自己的观点得以记录并展现于众，情绪会逐渐趋于缓和。据此，供应链可视化的实现对处理异议将起到较好效果。

（二）优化需求计划

需求计划是企业对所需要的物资、能源或材料等制订的采购进货计划，主要包括物资需求计划、能力需求计划和物流需求计划等。

大数据分析对于优化需求计划具有举足轻重的作用。企业可应用大数据分析销售状况、市场需求程度、产品满意度等，从而为企业的物资需求计划制订提供决策支持。同时，企业还可以利用大数据分析客户的偏好和购买行为，进而为企业与供应商的谈判提供有利信息，优化企业的能力需求计划。大数据分析还可以为企业的物流交通线路规划提供优化策略。

（三）强化风险管理

供应链中的风险管理主要包括对供应商风险、监察安全风险的管理。

1. 评估供应商风险

供应商稳定与否，关系着整个供应链的成败。企业在确定供应商之前都会对其日常业绩和风险进行评估，以确保供应商的水平和能力。

可以利用大数据评估供应商的突发状况处理与风险应对能力，也可以利用大数据来为企业确定供应链高风险领域，据此为企业建立决策模型并确定资源利用的优先级，降低风险。

2. 监察安全风险

安全风险是企业供应链中需要面临的最高级别的风险，供应链的安全风险主要包括产品的安全性和数据的安全性。随着信息技术的发展，供应链的管理越来越精细，甚至实现实时监测。比如产品、物流信息都可借助 GPS、北斗卫星导航等定位系统进行实时监测，并实时上传到数据管理平台，进行大规模的数据分析，以此确保供应链的安全和效率。

（四）实现营销精准化

营销精准化就是通过消费者行为的挖掘和分析，预测消费者行为，优化营销策略，实现广告的精准投放和个性化营销。无论是线上还是线下，大数据营销的核心都是基于对用户的了解，把希望推送的产品或服务信息在合适的时间以合适的方式和合适的载体，推送给合适的人。大数据营销依托多平台的数据采集及大数据技术的分析及预测能力，促使企业实时洞察用户，提高营销的精准性，为企业带来更高的投资回报率。

大数据营销方式从海量广告过渡到一对一以用户体验为中心的精准营销。通过对客户特征、产品特征、消费行为特征数据的采集和处理，可进行多维度的客户消费特征分析、产品策略分析和销售策略指导分析，进而实现一对一的精准广告投放和效果分析。在注重用户体验的同时达到最佳的营销效果，并且可对营销进行跟踪，准确把握客户需求、增加客户互动的方式不断优化营销策略，推动营销策略的策划和执行。

（五）决策科学化

大数据分析有利于科学决策。管理最重要的便是决策，而正确的决策依赖于充足的数据和信息以及准确的判断。彼得·杜拉克说："人们永远无法管理不能量化的东西。"在大数据时代，管理者和决策者不缺乏数据和信息，缺乏的是依靠量化做决策的态度和方法。在过去的商业决策中，管理者会凭借自身的经验和对行业的敏感度来决定企业发展方向和方式，这种决策有时仅仅参考一些模糊的数据和建议。而大数据和大数据分析工具的出现，让人们找到了一条新的科学决策之路。

大数据主义者认为，所有决策都应当逐渐摒弃经验与直觉，加大对数据分析的倚重。相对于全人工决策，科学的决策能给人们提供可预见的事物发展规律，这不仅让结果变得更加科学、客观，也在一定程度上减轻了决策者所承受的巨大精神压力。

诚然，大数据在创造巨大的社会效益和经济效益的同时也带来了挑战。

1. 公共数据资源的共享与开放问题

根据国务院《关于促进大数据发展的行动纲要》的要求，应加强顶层设计和统筹协调，推动政府数据资源共享，形成政府数据统一共享交换平台，在依法加强安全保障和隐私保护的前提下，稳步推动公共数据资源开放。具体措施包括：

第一，制定政府数据资源共享管理办法，整合政府部门公共数据资源，促进互联互通，提高共享能力，提升政府数据的一致性和准确性。

第二，加快政府信息平台整合，充分利用统一的国家电子政务网络，构建跨部门的政府数据统一共享交换平台。

第三，推动建立政府部门和事业单位等公共机构数据资源清单，根据“增量先行”的原则，加强对政府部门数据的国家统筹管理，加快建设国家政府数据统一开放平台。

第四，制订公共机构数据开放计划，落实数据开放和维护责任，推进公共机构数据资源统一汇聚和集中向社会开放，提升政府数据开放共享标准化程度，优先推动信用、交通、医疗、卫生、就业、社保、地理、文化、教育、科技、资源、农业、环境、安全、金融、质量、统计、气象、海洋、企业登记监管等民生保障服务相关领域的政府数据集向社会开放。

第五，建立政府和社会互动的大数据采集形成机制，制定政府数据共享开放目录。

第六，通过政务数据公开共享，引导企业、行业协会、科研机构、社会组织等主动采集并开放数据。

2. 大数据安全问题

大数据安全包括大数据系统安全、大数据传输和存储安全、大数据的应用安全等。大数据安全不仅需要更可靠的大数据安全技术，也需要建立全新的安全机制解决大数据安全问题，需要加强大数据环境下的网络安全问题研究和基于大数据的网络安全技术研究，落实信息安全等级保护、风险评估等网络安全制度，建立健全大数据安全保障体系；建立大数据安全评估体系；切实加强关键信息基础设施的安全防护，做好大数据平台及服务商的可靠性及安全性评测、应用安全评测、监测预警和风险评估；明确数据采集、传输、存储、使用、开放等各环节保障网络安全的范围边界、责任主体和具体要求，切实加强对涉及国家利益、公共安全、商业秘密、个人隐私、军工科研生产等信息的保护；妥善处理发展创新与保障安全的关系，审慎监管，保护创新，探索完善安全保密管理规范措施，切实保障数据安全。

3. 大数据用户隐私问题

大数据环境下通过对用户数据的深度分析，很容易了解用户的行为、偏好，甚至企业用户的商业机密，因此对个人隐私和商业秘密的保护问题必须充分重视。因此，应加强对数据滥用、侵犯个人隐私等行为的管理和惩戒。推动出台相关法律法规，加强对基础信息网络和关键行业领域重要信息系统的安全保护，保障网络数据安全。从管理的角度来说，需要加强对数据开放的审核工作，必要时进行加密处理，并采取策略防止关联分析。从技术的角度来说，需要研究适用于大数据环境的隐私保护机制，如改进同态加密技术，以及基于关联分析的隐私安全评价体系。

4. 数据所有权问题

数据是有价值的，是可以变现的，未来数据的使用可能都需要经过用户授权。然而数据所有权如何确定（数据确权）？如何合理合法地使用数据？数据公司是否有权将它们用于内部营销、广告、信用征信？这些问题的解决需要政府、企业、社会多方合作，推动网上个人信息保护立法工作，界定个人信息采集应用的范围和方式，明确相关主体的权利、责任和义务。现行的运行实践可提供给我们很好的参考。从企业的角度，首先要解决数据所有权问题，如免费或让利给用户签订契约；其次要明确告知数据收集的内容和用途，如征信等是需要用户授权才可以操作的。

5. 大数据分析的人才紧缺与培养问题

大数据分析需要复合型人才，既能够掌握数学、统计学、商业、机器学习和自然语言处理等多方面知识，又能够了解数据和信息如何与企业的业务产生关联，需要很强的逻辑分析能力和商业洞察能力。这类人才缺口较大，社会需求强烈。因此，应创新人才培养模式，建立健全多层次、多类型的大数据人才培养体系。

第一，鼓励高校设立数据科学和数据分析相关专业，重点培养专业化大数据分析人才。

第二，鼓励采取跨校联合培养等方式开展跨学科综合型人才培养，大力培养具有统计分析、计算机技术、经济管理等多学科知识的跨界复合型人才。

第三，鼓励高等院校、职业院校和企业合作，加强职业技能人才的实践培养，积极培育大数据技术和应用创新型人才。

第四，依托社会化教育资源，开展大数据知识普及和教育培训，提升社会整体认知和应用水平。

第三章 分布式大数据系统

Hadoop 是 Apache 软件基金会旗下的一个开源式分布计算平台，以分布式文件系统（Hadoop Distributed File System，HDFS）和 MapReduce 为核心的 Hadoop 为用户提供了系统底层细节透明的分布式基础框架。本章将通过介绍 Hadoop 基本简介、体系结构、分布式开发以及生态系统等有关内容，让读者了解到什么是 Hadoop、Hadoop 是怎样的，将 Hadoop 与其他系统相比，最后列举一些 Hadoop 应用案例，从而使读者深入了解 Hadoop。

第一节 Hadoop

Hadoop 是一个基础架构系统，是 Google 的云计算基础架构的开源实现，主要由 HDFS、MapReduce 组成。Hadoop 原本来自谷歌一款名为 MapReduce 的编程模型包。谷歌的 MapReduce 框架可以把一个应用程序分解为许多并行计算指令，将大量的计算节点运行成非常巨大的数据集。使用该框架的一个典型例子就是在网络数据上运行的搜索算法。Hadoop 最初只与网页索引有关，后来迅速发展成分析大数据的领先平台。

一、Hadoop 的概况

Hadoop 最早起源于 Nutch。Nutch 是一个开源的网络搜索引擎，由 Doug Cutting 于 2002 年创建。Nutch 的设计目标是构建一个大型的全网搜索引擎，包括网页抓取、索引、查询等功能，但随着抓取网页数量的增加，遇到了严重的不可扩展性问题，不能解决数十亿网页的存储和索引问题。之后，谷歌发表的两篇论文为该问题提供了可行的解决方案。一篇是 2003 年发表的关于谷歌分布式文件系统（GFS）的论文。该论文描述了谷歌搜索引擎网页相关数据的存储架构，该架构可解决 Nutch 遇到的网页抓取和索引过程中产生的超大文件存储需求的问题。但由于谷歌未开放源代码，Nutch 项目组便根据论文完成了一个开源实现——Nutch 的分布式文件系统（NDFS）。另一篇是 2004 年发表的关于谷歌分布式计算框架 MapReduce 的论文。该论文描述了谷歌内部最重要的分布式计算框架MapReduce的设计艺术，该框架可用于处理海量网页的索引问题。同样，由于谷歌未开放源代码，Nutch的开发人员完成了一个开源实现。由于NDFS和MapReduce不仅仅适用于搜索领域，2006年初，开发人员便将其移出Nutch，成为Lucene的一个子项目，称为Hadoop。大约同一时间，DougCutting加入雅虎公司，且公司同意组织一个专门的团队继续发展Hadoop。同年2月，Apache Hadoop项目正式启动，以支持MapReduce和HDFS的独立发展。2008年1月，Hadoop成为Apache顶级项目，迎来了它的快速发展期。

目前有很多公司开始提供基于Hadoop的商业软件、支持、服务以及培训。Cloudera是美国的一家软件公司，该公司在2008年开始提供基于Hadoop的软件和服务。GoGrid是一家云计算基础设施公司，在2012年，该公司与Cloudera合作加速了企业采用基于Hadoop应用的步伐。Dataguise公司是一家数据安全公司，同样在2012年推出了一款针对Hadoop的数据保护和风险评估。

Hadoop是一个由Apache基金会所开发的分布式系统基础架构。用户可以在不了解分布式底层细节的情况下开发分布式程序。简单来说，Hadoop是一个可以更容易开发和运行处理大规模数据的软件平台，充分利用集群的威力进行高速运算和存储。Hadoop实现了一个分布式文件系统（Hadoop Distributed File System，HDFS）。HDFS有高容错性的特点，并且设计用来部署在低廉的硬件上，形成分布式系统；它通过提供高吞吐量来访问应用程序的数据，适合那些有着超大数据集的应用程序。HDFS放宽了POSIX的要求，可以以流的形式访问文件系统中的数据。因此用户可以利用Hadoop轻松地组织计算资源，搭建自己的分布式计算平台，充分利用集群的计算和存储能力，完成海量数据的处理。

Hadoop框架最核心的设计就是：HDFS和MapReduce。HDFS为海量的数据提供了存储，Map Reduce为海量的数据提供了计算，即Hadoop实现了HDFS文件系统和MapReduce计算框架，使Hadoop成为一个分布式的计算平台。用户只要分别实现Map和Reduce，并注册Job即可自动分布式运行。因此，Hadoop并不仅仅是一个用于存储的分布式文件系统，而是用于由通过计算设备组成的大型集群上执行分布式应用的框架。实际上，狭义的Hadoop就是指HDFS和MapReduee，是一种典型的Master-Slave架构。如图3-1所示。

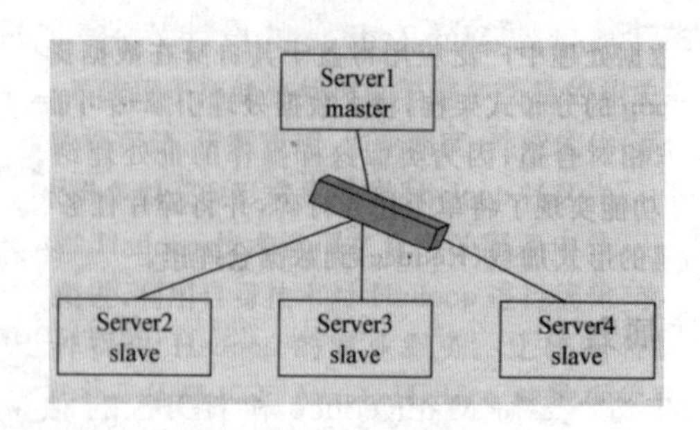

图 3-1 Hadoop 基本架构

二、Hadoop 的功能和作用

众所周知，当今社会信息科技飞速发展，这些信息中积累着大量数据，人们若要对这些数据进行分析处理，以获取更多有价值的信息，可以选择 Hadoop 系统。Hadoop 是一种实现云存储和云计算的方法，在处理这类问题时，采用了分布式存储方式，提高了读写速度，并扩大了存储容量。采用 MapReduce 来整合分布式文件系统上的数据，可保证分析和处理数据的高效性。与此同时，Hadoop 还采用存储冗余数据的方式保证数据的安全性。Hadoop 中 HDFS 的高容错特性，以及它是基于 Java 语言开发的特性使得 Hadoop 可以部署在低廉的计算机集群中，同时不限于某个操作系统。Hadoop 中 HDFS 的数据管理能力、MapReduce 处理任务时的高效率，以及它的开源特性，使其在同类的分布式系统中大放异彩，并在众多行业和科研领域被广泛采用。

三、Hadoop 的优势

Hadoop 是一个能够对大量数据进行分布式处理的软件框架，Hadoop 可以以一种可靠、高效、可伸缩的方式进行处理。Hadoop 是可靠的，因为它假设计算元素和存储会失败，因此维护多个工作数据副本，确保能够针对失败的节点重新分布处理；Hadoop 是高效的，因为它可以并行工作，通过并行处理加快处理速度；Hadoop 是可伸缩的，能够处理拍字节（PB）级数据。此外，Hadoop 依赖于廉价商用服务器，因此它的成本较低，任何人都可以使用。Hadoop 是一个能够让用户轻松搭建和使用的分布式计算平台，用户可以轻松地在 Hadoop 上开发和运行处理海量数据的应用程序。它的主要优点如下：

（1）高可靠性，Hadoop 按位存储和处理数据的能力值得人们信赖。

（2）高扩展性，Hadoop 是在可用的计算机集簇间分配数据并完成计算任务的，这些集簇可以方便地扩展到数以千计的节点中。

(3)高效性，Hadoop能够在节点之间动态地移动数据，并保证各个节点的动态平衡,因此处理速度非常快。

(4)高容错性，Hadoop能够自动保存数据的多个副本，并且能够自动将失败的任务重新分配。Hadoop带有用Java语言编写的框架，因此运行在Linux生产平台上是非常理想的,Hadoop上的应用程序也可以使用其他语言编写,比如C++。

Hadoop之所以能够在大数据处理中广泛应用得益于其自身在数据提取、变形和加载(ETL)方面的天然优势。Hadoop的分布式架构，将大数据处理引擎尽可能地靠近存储，对像ETL这样的批处理操作相对合适，因为类似这样操作的批处理结果可以直接走向存储。Hadoop的MapReduce功能实现了将单个任务打碎，并将碎片任务(Map)发送到多个节点上，之后再以单个数据集的形式加载(Reduce)到数据仓库里。

四、Hadoop的应用前景

Hadoop在设计之初就追求可靠性、可拓展性、容错性和高效性。正是这些设计上与生俱来的优点,才使得Hadoop一出现就受到众多大公司的青睐,引起了研究界的普遍关注。到目前为止，Hadoop技术在互联网领域已经得到了广泛的运用。例如，Yahoo!使用4000个节点的Hadoop集群来支持广告系统和Web搜索的研究；Facebook使用1000个节点的集群运行Hadoop存储日志数据,支持其上的数据分析和机器学习；百度用Hadoop处理每周200TB的数据，从而进行搜索日志分析和网页数据挖掘工作；中国移动研究院基于Hadoop开发了“大云”(Big Cloud)系统，不但用于相关数据分析,还对外提供服务；淘宝的Hadoop系统用于存储并处理电子商务交易的相关数据。国内的高校和科研院所基于Hadoop在数据存储、资源管理、作业调度、性能优化、系统高可用性和安全性方面进行研究,相关研究成果多以开源的形式贡献给Hadoop社区。

除了上述大型企业将Hadoop技术运用在自身的服务中外,一些提供Hadoop解决方案的商业型公司也纷纷跟进，利用自身技术对Hadoop进行优化、改进、二次开发等,然后以公司自有产品的形式对外提供Hadoop的商业服务。

目前，Hadoop技术虽然已经被广泛应用，但是该技术无论在功能上还是在稳定性等方面还有待进一步完善，所以还在不断开发和不断升级维护的过程中，新的功能也在不断地被添加和引入，读者可以关注Apache Hadoop的官方网站了解最新的信息。得益于如此多厂商和开源社区的大力支持，相信在不久的将来，Hadoop也会像当年的Linux一样被广泛应用于越来越多的领域,从而风靡全球。

第二节 HDFS 体系结构

一、数据块

每个磁盘都有默认的数据块（Data Block）大小，这是磁盘进行数据读 / 写的最小单位。构建于单个磁盘之上的文件系统通过磁盘来管理该文件系统中的块，该文件系统块的大小可以是磁盘块的整数倍。文件系统块一般为几千字节，而一个磁盘块一般为 512B，这些信息对用户来说都是透明的，都由系统来维护。

HDFS 是一个文件系统，它也遵循按块的方式进行文件操作的原则。在默认情况下，HDFS 块的大小为 128MB。也就是说，HDFS 上的文件会被划分为多个大小为 128MB（默认时）的数据块。当一个文件小于 128MB 时，HDFS 不会让这个文件占据整个块的空间。

对分布式文件系统中的块进行抽象会带来很多好处，具体有以下几点：

（1）一个文件的大小可以大于网络中任意一个磁盘的容量。文件的所有块并不需要存储在同一个磁盘上，可以利用集群上的任意一个磁盘进行存储。

（2）使用块而不是文件可以简化存储子系统。简化是所有系统的目标，但是这对于故障种类繁多的分布式系统来说尤为重要。将存储子系统控制单元设置为块，可以简化存储管理（由于块的大小是固定的，因此计算单个磁盘能存储多少个块相对容易一些）。消除了对元数据的顾虑，因为块的内容和块的元数据是分开存放和处理的，所以其他系统可以单独来管理这些元数据。

（3）块非常适用于数据备份，进而提供数据容错能力和可用性。将每个块复制到少数几个独立的机器上（默认为 3 个），可以确保在发生块、磁盘或机器故障后数据不丢失。如果发现一个块不可用，系统会从其他地方读取另一个副本，而这个过程对用户是透明的。

二、数据复制

HDFS 被设计成一个可以在大集群中跨机器、可靠地存储海量数据的框架。它将每个文件存储成块（Block）序列，除了最后一个 Block，所有的 Block 都是同样的大小。文件的所有 Block 为了容错都会被冗余复制。每个文件的 Block 大小和复制（Replication）因子都是可配置的。Replication 因子在文件创建的时候会默认读取客户端的HDFS配置，然后创建，以后也可以改变。HDFS中的文件只写入一次(write-one)，并且严格要求在任何时候只有一个写入者(writer)。HDFS的数据冗余复制示意如图3-2所示。

块复制(Block Replication)
NameNode(Filename,numReplicas,block-ids,...)
/user/zkpk/data/part-0001,r:2,{1,3}
/user/zkpk/data/part-0002,r:3,{2,4,5}

DataNode

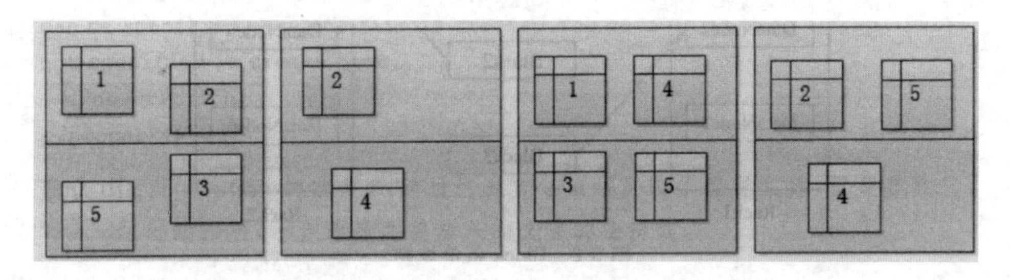

图3-2 数据冗余复制示意

如图3-2所示，文件/user/zkpk/data/part-0001的Replication因子值是2，Block的ID列表包括1和3，可以看到块1和块3分别被冗余备份了两份数据块；文件/user/zkpk/data/part-0002的Replication因子值是3，Block的ID列表包括2、4、5，可以看到块2、4、5分别被冗余复制了三份。在HDFS中，文件所有块的复制会全权由名称节点(Name Node)进行管理，NameNode周期性地从集群中的每个数据节点(DataNode)接收心跳包和一个BlockReport。心跳包的接收表示该DataNode节点正常工作，而BlockReport包括该DataNode上所有的Block组成的列表。

三、数据副本的存放策略

数据分块存储和副本的存放是HDFS保证可靠性和高性能的关键。HDFS将每个文件的数据进行分块存储，每一个数据块又保存有多个副本，这些数据块副本分布在不同的机器节点上。优化的副本存放策略是HDFS区别于其他大部分分布式文件系统的重要特性。这种特性需要做大量的调优，并需要经验积累。HDFS采用一种称为机架感知(rack-aware)的策略来改进数据的可靠性、可用性和网络带宽的利用率。通过一个机架感知的过程，NameNode可以确定每个DataNode所属的机架ID。一个简单但没有优化的策略就是将副本存放在不同的机架上。这样可以有效防止当整个机架失效时数据的丢失，并且允许读数据的时候充分利用多个机架的带宽。这种策略设置可以将副本均匀分布在集群中，有利于组件失效情况下的负载均衡。但是，因为这种策略的一个写操作需要传输数据块到多个机架，因此增加了写的代价。

目前实现的副本存放策略只是在这个方向上迈出的第一步。实现这个策略的短期目标是验证它在生产环境下的有效性，观察它的行为，为实现更先进的策略打下测试和研究的基础。

在多数情况下，HDFS 默认的副本系数是 3。为了数据的安全和高效，Hadoop 默认对 3 个副本的存放策略，如图 3-3 所示。

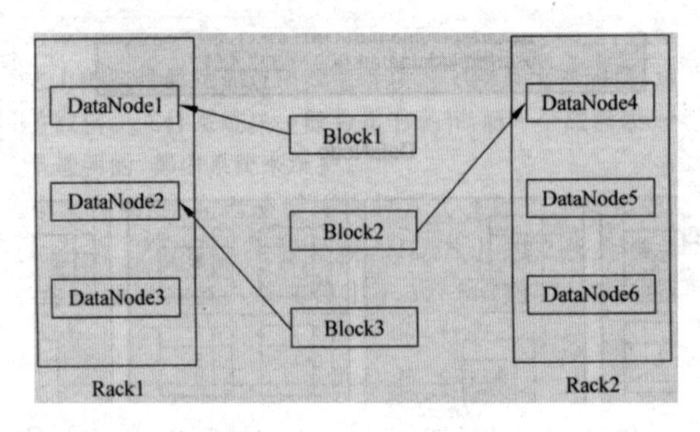

图 3-3　Block 备份规则

（1）第一块，在本机器的 HDFS 目录下存储一个 Block。

（2）第二块，不同 Rack（机架）的某个 DataNode 上存储一个 Block。

（3）第三块，在该机器的同一个 Rack 下的某台机器上存储最后一个 Block。

这种策略减少了机架间的数据传输，提高了写操作的效率，而且可以保证对该 Block 所属文件的访问能够优先在本 Rack 下找到，如果整个 Rack 发生了异常，也可以在另外的 Rack 上找到该 Block 的副本。这样可以保障足够的高效，同时做到了数据的容错。

机架的错误远比节点的错误少，所以这个策略不会影响数据的可靠性和可用性。与此同时，因为数据块只放在两个（不是三个）不同的机架上，所以此策略减少了读取数据时需要的网络传输总带宽。在这种策略下，副本并不是均匀分布在不同的机架上。三分之一的副本在一个节点上，三分之一的副本在同一个机架的其他节点上，其他副本均匀分布在剩下的机架中，这一策略在不损害数据可靠性和读取性能的情况下改进了写的性能。

如果将 Block 备份设置成三份，那么这三份一样的块是怎么复制到 DataNode 上的呢？下面我们来了解一下 Block 块的备份机制，如图 3-4 所示。

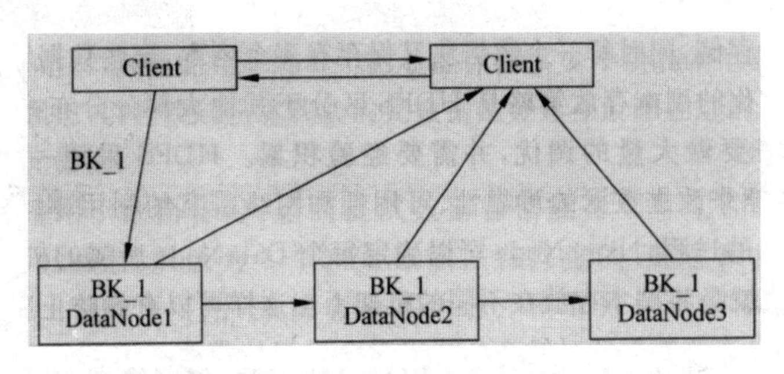

图 3-4　Block 的备份机制

假设第一个备份传到 DataNode1 上，那么第二个备份是从 DataNode1 上以流的形式传输到 DataNode2 上，同样，第三个备份是从 DataNode2 上以流的形式传输到 DataNode3 上。

四、负载均衡

HDFS 的数据也许并不是非常均匀地分布在各个 DataNode 中。机器与机器之间磁盘利用率不平衡是 HDFS 集群非常容易出现的情况，尤其是在 DataNode 节点出现故障或在现有的集群上增加新的 DataNode 的时候。当新增一个数据块(一个文件的数据被保存在一系列的块中)时，NameNode 在选择 DataNode 接收这个数据块之前，会考虑很多因素。其中的一些因素如下：

(1)将数据块的一个副本放在正在写的这个数据块的节点上。

(2)尽量将数据块的不同副本分布在不同的机架上，这样集群在完全失去某一机架的情况下还能存活。

(3)一个副本通常被放置在和写文件的节点同一机架的某个节点上，这样可以减少跨越机架的网络 I / O。

(4)尽量均匀地将 HDFS 数据分布在集群的 DataNode 中。

由于上述多种因素的影响，数据可能不会均匀分布在 DataNode 中。当 HDFS 出现不平衡状况的时候，会引发很多问题，比如 MapReduce 程序无法很好地利用本地计算的优势、机器之间无法达到更好的网络带宽使用率、机器磁盘无法利用等。为此，HDFS 提供了一个专门用于分析数据块分布和重新均衡 DataNpde 上的数据分布的工具：

$HADOOP_HOME / bin / start—balancer.sh-t 10%

在这个命令中，-t 参数后面跟的是 HDFS 达到平衡状态的磁盘使用率偏差值。如果机器与机器之间磁盘使用率偏差小于 10%，那么我们就认为 HDFS 集群已经达到了平衡状态。

Hadoop 开发人员在开发负载均衡程序 Balancer 的时候，建议遵循以下几个原则：

（1）在执行数据重分布的过程中，必须保证数据不能丢失，不能改变数据的备份数，不能改变每一个机架中所具备的 Block 数量。

（2）系统管理员可以通过一条命令启动数据重分布程序或停止数据重分布程序。

（3）Block 在移动的过程中，不能占用过多的资源，如网络带宽。

（4）数据重分布程序在执行的过程中，不能影响 NameNode 的正常工作。

负载均衡程序作为一个独立的进程与 NameNode 进程分开执行。HDFS 负载均衡的处理步骤如下：

（1）负载均衡服务 Rebalancing Server 从 NameNode 中获取所有的 DataNode 情况，具体包括每一个 DataNode 磁盘使用情况，见图 3-5 中的流程“1.get datanode report”。

（2）Rebalancing Server 计算哪些机器需要将数据移动，哪些机器可以接收移动的数据，以及从 NameNode 中获取需要移动数据的分布情况，见图 3-5 中的流程“2.get partial blockmap”。

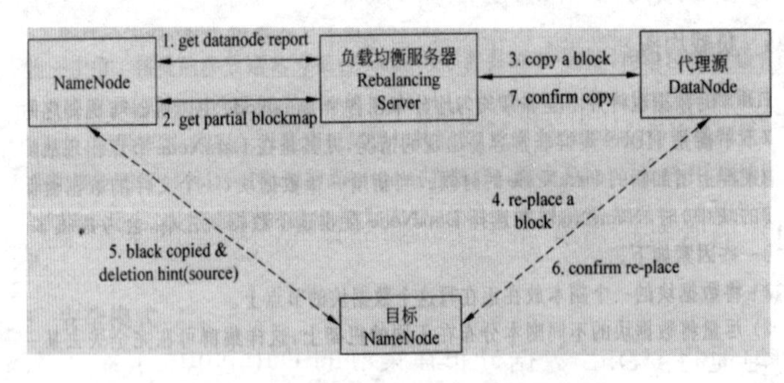

图 3–5　HDFS 数据重分布流程示意

（3）Rebalancing Server 计算出可以将哪一台机器的 Block 移动到另一台机器中去，如 3-5 所示的流程“3.copy a block”。

（4）需要移动 Block 的机器将数据移动到目标机器上，同时删除自己机器上的 Block 数据，如图 3-5 中的流程 4 ~ 6 所示。

（5）Rebalancing Server 获取本次数据移动的执行结果，并继续执行这个过程，一直到没有数据可以移动或 HDFS 集群已经达到平衡的标准为止，如图 3-5 所示的流程 7。HDFS 数据重分布程序实现的逻辑流程，如图 3-5 所示。

在大多数情况下，我们可以选择上述 HDFS 的这种负载均衡工作机制，然而一些特定的场景确实还是需要不同的处理方式,这里设定一种场景。

(1)复制因子是3。

(2)HDFS由两个机架(Rack)组成。

(3)两个机架中的机器磁盘配置不同,第一个机架中每一台机器的磁盘配置为2TB,第二个机架中每一台机器的磁盘配置为12TB。

(4)大多数数据的两份备份都存储在第一个机架中。

在这样的情况下,HDFS集群中的数据肯定是不平衡的,现在运行负载均衡程序会发现运行结束以后整个HDFS集群中的数据依旧不平衡:Rack1中的磁盘剩余空间远远小于Rack2,这是因为负载均衡程序的原则不能改变每一个机架中所具备的Block数量。简单地说,就是在执行负载均衡程序的时候,不会将数据从一个机架移到另一个机架中,所以就导致了负载均衡程序永远无法平衡HDFS集群的情况。

针对这种情况,就需要HDFS系统管理员手动操作来达到负载均衡,操作步骤如下:

(1)继续使用现有的负载均衡程序,但修改机架中的机器分布,将磁盘空间小的机器部署到不同的机架中去。

(2)修改负载均衡程序,允许改变每一个机架中所具有的Block数量,将磁盘空间告急的机架中存放的Block数量减少,或者将其移到其他磁盘空间充足的机架中去。

五、心跳机制

所谓"心跳",是一种形象化描述,指的是持续地按照一定频率在运行,类似于心脏在永无休止地跳动。Hadoop中心跳机制的具体实现如下:

(1)Hadoop集群是master/slave模式。其中,master包括NameNode和ResourceManager;slave包括DataNode和NodeManager。

(2)master启动的时候,会开一个ipcserver在那里,等待slave心跳。

(3)slave启动时,会连接master,并每隔3秒钟主动向master发送一个"心跳",这个时间可以通过heart beat.recheck.interval属性来设置。将自己的状态信息告诉master,然后master也是通过这个心跳的返回值,向slave节点传达指令。

(4)需要指出的是,NameNode与DataNode之间的通信、ResourceManager与NodeManager之间的通信,都是通过"心跳"完成的。

(5)当NameNode长时间没有接收到DataNode发送的心跳时,NameNode就判断DataNode的连接已经中断,不能继续工作了,就把它定性为dead node。NameNode会检查"dead node"中的副本数据,复制到其他DataNode中。

第三节 MapReduce

在云计算和大数据技术领域被广泛提到并被成功应用的一项技术就是MapReduce。MapReduce是Google系统和Hadoop系统中的一项核心技术。

一、MapReduce的发展历史

MapReduce出现的历史要追溯到1956年，图灵奖获得者著名的人工智能专家McCarthy首次提出了LISP语言的构想，而在LISP语言中就包含现在我们所采用的MapReduce功能。LISP语言是一种用于人工智能领域的语言，在人工智能领域有很多应用，LISP在1956年设计时主要是希望能有效地进行“符号运算”。LISP是一种表面处理语言，其逻辑简单但结构不同于其他的高级语言。1960年，McCarthy更是极有预见性地提出“今后计算机将会作为公共设施提供给公众”，这一观点已与现在人们对云计算的定义极为相近了，所以把McCarthy称为“云计算之父”。MapReduce在McCarthy提出时并没有考虑到其在分布式系统和大数据上会有如此大的应用前景，只是作为一种函数操作来定义的。

2004年Google公司的Dean发表文章将MapReduce这一编程模型在分布式系统中的应用进行了介绍，从此MapRuduce分布式编程模型进入了人们的视野。可以认为分布式MapReduce是由Google公司首先提出的。Hadoop跟进了Google的这一思想，可以认为Hadoop是一个开源版本的Google系统，正是由于Hadoop的跟进才使普通用户得以开发自己的基于MapReduce框架的云计算应用系统。

二、MapReduce的基本工作过程

MapReduce是一种处理大数据集的编程模式，它借鉴了最早出现在LISP语言和其他函数语言中的map和reduce操作，MapReduce的基本过程如下：用户通过map函数处理key / value对，从而产生一系列不同的key/value对，reduce函数将key值相同的key / value对进行合并。现实中的很多处理任务都可以利用这一模型进行描述。通过MapReduce框架能实现基于数据切分的自动并行计算，大大简化了分布式编程的难度，并为在相对廉价的商品化服务器集群系统上实现大规模的数据处理提供了可能。

MapReduce的过程其实非常简单，但上面的解释看上去却较为晦涩，我们用

一个实际的例子来说明 MapReduce 的编程模型。假设需要对一个文件 example.txt 中出现的单词次数进行复计，这就是著名的 wordcount 例子，在这个例子中 MapReduce 的编程模型可以进行如下描述。用户需要处理的文件 example.txt 已被分为多个数据片存储在集群系统中不同的节点上了，用户先使用一个 Map 函数 —— Map（example.txt，文件内容），在这个 Map 函数中 Key 值为 example.txt，Key 通常是指一个具有唯一值的标识，value 值就是 example.txt 文件中的内容。Map 操作程序通常会被分布到存有文件 example.txt 数据片段的节点上发起，这个 Map 操作将产生一组中间 Key / value 对（word，count），这里的 word 代表出现在文件 example.txt 片段中任一个单词，每个 Map 操作所产生的 Key / value 对只代表 example.txt 一部分内容的统计值。Reduce 函数将接收集群中不同节点 Map 函数生成的中间 Key / value 对，并将 Key 相同的 Key / value 对进行合并，在这个例子中 Reduce 函数将对所有 Key 值相同的 value 值进行求和合并，最后输出的 Key / value 对就是（word，count），其中 count 就是这个单词在文件 example.Txt 中出现的总的次数。

下面通过一个简单的例子来讲解 MapReduce 的基本原理。

1. 任务的描述

来自江苏、浙江、山东三个省的 9 所高校联合举行了一场编程大赛，每个省有 3 所高校参加，每所高校各派 5 名队员参赛，各所高校的比赛平均成绩如表 3-1 所示。

表 3-1　原始比赛成绩

江苏省		浙江省		山东省	
南京大学	90	浙江大学	95	山东大学	92
东南大学	93	浙江工业大学	84	中国海洋大学	85
河海大学	84	宁波大学	88	青岛大学	87

可以用如表 3-2 所示的形式来表示成绩，这样每所高校就具备了所属省份和平均分数这两个属性，即 < 高校名称：（所属省份，平均分数）>。

表 3-2　增加属性信息后的比赛成绩

南京大学：{江苏省，90}	东南大学：{江苏省，93}	河海大学：{江苏省，84}
浙江大学：{浙江省，95}	浙江工业大学：{浙江省，84}	宁波大学：{浙江省，88}
山东大学：{山东省，92}	中国海洋大学：{山东省，85}	青岛大学：{山东省，87}

统计各个省份高校的平均分数时，高校的名称并不是很重要，可以略去高校名称，如表 3-3 所示。

表 3-3　略去高校名称后的比赛成绩

江苏省：90	江苏省：93	江苏省：84
浙江省：95	浙江省：84	浙江省：88
山东省：92	山东省：85	山东省：87

接下来，我们对各个省份的高校的成绩进行汇总，如表 3-4 所示。

表 3-4　各省比赛成绩汇总

江苏省：90、93、84	浙江省：95、84、88	山东省：92、85、87

计算求得各省高校的平均值如表 3-5 所示。

表 3-5　各省平均成绩

江苏省：89	浙江省：89	山东省：88

以上为计算各省平均成绩的主要步骤，可以用 MapReduce 来实现。

2. 任务的 MapReduce 实现

MapReduce 包含 Map、Shuffle 和 Reduce 三个步骤，其中 Shuffle 由 Hadoop 自动完成，Hadoop 的使用者无须了解并行程序的底层实现，只需关注 Map 和 Reduce 的实现。

（1）Map Input：< 高校名称，（所属省份，平均分数）>

在 Map 部分，我们需要输入 <Key, Value> 数据，这里 Key 是高校的名称，Value 是属性值，即所属省份和平均分数，如表 3-6 所示。

表 3-6　Map Input 数据

Key：南京大学 Value：{江苏省，90}	Key：东南大学 Value：{江苏省，93}	Key：河海大学 Value：{江苏省，84}
Key：浙江大学 Value：{浙江省，95}	Key：浙江工业大学 Value：{浙江省，84}	Key：宁波大学 Value：{浙江省，88}
Key：山东大学 Value：{山东省，92}	Key：中国海洋大学 Value：{山东省，85}	Key：青岛大学 Value：{山东省，87}

（2）Map Output：< 所属省份，平均分数 >

对所属省份平均分数进行重分组，去除高校名称，将所属省份变为 Key，平均分数变为 Value，如表 3-7 所示。

表 3-7　Map Output 数据

Key：江苏省 Value：90	Key：江苏省 Value：93	Key：江苏省 Value：84
Key：浙江省 Value：95	Key：浙江省 Value：84	Key：浙江省 Value：88
Key：山东省 Value：92	Key：山东省 Value：85	Key：山东省 Value：87

（3）Shuffle Output：< 所属省份，List（平均分数）>

Shuffle 由 Hadoop 自动完成，其任务是实现 Map，对 Key 进行分组，用户可以获得 Value 的列表，即 List<Value>，如表 3-8 所示。

表 3-8　Shuffle Output 数据

key：江苏省 List<Value>：90、93、84	Key：浙江省 List<Value>：95、84、88	Key：山东省 List<Value>：92、85、87

（4）Reduce Input：< 所属省份，List（平均分数）>

表 3-8 中的内容将作为 Reduce 任务的输入数据，即从 Shuffle 任务中获得的 Key，List<Value>。

（5）Reduce Output：< 所属省份，平均分数 >

Reduce 任务的功能是完成用户的计算逻辑，这里的任务是计算每个省份的高校学生的比赛平均成绩，获得的最终结果如表 3-9 所示。

表 3-9　Reduce Output 数据

江苏省：89	浙江省：89	山东省：88

三、MapReduce 的主要特点

（一）需要在集群条件下使用

MapReduce 的主要作用是实现对大数据的分布式处理，其设计时的基本要求就是在大规模集群条件下运行（虽然一些系统可以在单机下运行，但这种条件下只具有仿真运行的意义），Google 作为分布式 MapReduce 的提出者，它本身就是世界上最大的集群系统，所以 MapReduce 自然需要在集群系统下运行才能有效。

（二）需要有相应的分布式文件系统的支持

这里要注意的是，单独的 MapReduce 模式并不具有自动的并行性能，就像它在 LISP 语言中的表现一样，它只有与相应的分布式文件系统相结合才能完美地体

现 MapReduce 这种编程框架的优势。比如 Google 系统对应的分布式文件系统为 GFS，Hadoop 系统对应的分布式文件系统为 HDFS。MapReduce 能实现计算的自动并行化很大程度上是由于分布式文件系统在对文件存储时就实现了对大数据文件的切分，这种并行方法也叫数据并行方法。数据并行方法避免了对计算任务本身的人工切分，降低了编程的难度，而像 MPI 往往需要人工对计算任务进行切分，因此分布式编程难度较大。

（三）可以在商品化集群条件下运行，不需要特别的硬件支持

和高性能计算不同，基于 MapReduce 的系统往往不需要特别的硬件支持，按 Google 的报道，他们的实验系统中的节点就是基于典型的双核 X86 的系统，配置 2-4GB 的内存，网络由百兆网和千兆网构成，存储设备为便宜的 IDE 硬盘。

（四）假设节点的失效为正常情况

传统的服务器通常被认为是稳定的，但在服务器数量巨大或采用廉价服务的条件下，服务器的失效将变得常见，所以通常基于 MapReduce 的分布式计算系统采用了存储备份、计算备份和计算迁移等策略来应对，从而实现在单节点不稳定的情况下保持整个系统的稳定性。

（五）适合对大数据进行处理

由于基于 MapReduce 的系统并行化是通过数据切分实现的数据并行，计算程序启动时需要向各节点拷贝计算程序，过小的文件在这种模式下工作反而会效率低下。Google 的实验也表明一个由 150 秒时间完成的计算任务，程序启动阶段的时间就花了 60 秒，可以想象，如果计算任务数据过小，这样的花费是不值得的，同时对过小的数据进行切分也无必要，所以 MapReduce 更适合进行大数据的处理。

（六）计算向存储迁移

传统的高性能计算数据集中存储，计算时数据向计算节点复制，而基于 MapReduce 的分布式系统在数据存储时就实现了分布式存储，一个较大的文件会被切分成大量较小的文件存储于不同的节点，系统调度机制在启动计算时会将计算程序尽可能地分发给需要处理的数据所在的节点。计算程序的大小通常会比数据文件小得多，所以迁移计算的网络代价要比迁移数据小得多。

（七）MapReduce的计算效率会受最慢的Map任务影响

由于 Reduce 操作的完成需要等待所有 Map 任务的完成，所以如果 Map 任务中有一个任务出现了延迟，则整个 MapReduce 操作将受最慢的 Map 任务的影响。

第四章　虚拟化的数据中心技术

现在的云是由一些主要的技术组件支撑着的，这些组件使当代云计算的关键功能和特点得以实现。本章将要介绍的相关技术，包括虚拟化技术、数据中心技术，重点介绍通过服务器虚拟化技术创建和部署虚拟服务器、数据中心常见组成技术与部件等。与地理上分散的 IT 资源相比，彼此邻近成组的 IT 资源有利于能源共享、提高共享 IT 资源使用率以及提高 IT 人员的效率。这些优势使得数据中心的概念得以自然推广。尽管云计算的发展进一步推动了上述云技术中的某些领域的进步，但这些技术在云计算出现之前就已经存在并成熟了。

第一节　虚拟化

虚拟化是将物理 IT 资源转换为虚拟 IT 资源的过程。

大多数 IT 资源都能被虚拟化，包括：

服务器（server）——一个物理服务器可以抽象为一个虚拟服务器。

存储设备（storage）——一个物理存储设备可以抽象为一个虚拟存储设备或一个虚拟磁盘。

网络（network）——物理路由器和交换机可以抽象为逻辑网络，如 VLAN。

电源（power）——一个物理 UPS 和电源分配单元可以抽象为通常意义上的虚拟 UPS。

用虚拟化软件创建新的虚拟服务器时，首先是分配物理 IT 资源，然后是安装操作系统。虚拟服务器使用自己的客户操作系统，它独立于创建虚拟服务器的操作系统。

在虚拟服务器上运行的客户操作系统和应用软件都不会感知到虚拟化的过程，也就是说，这些虚拟化 IT 资源就好像是在独立的物理服务器上安装执行一样。这样，程序在物理系统上执行和在虚拟系统上执行就是一样的，这种执行上的一致性是虚拟化的关键特性。通常，用户操作系统要求软件产品和应用可以在虚拟环境中无缝使用，而不需要为此对其进行定制、配置或修改。

运行虚拟化软件的物理服务器称为主机(host)或物理主机(physical host),其底层硬件可以被虚拟化软件访问。虚拟化软件功能包括系统服务,具体来说是与虚拟机管理相关的服务,这些服务通常不会出现在标准操作系统中。因此,这种软件有时也称为虚拟机管理器(virtual machine manager)或虚拟机监视器(Vinual Machine Monitor, VMM),而最常见的称呼为虚拟机监控器(hypervisor)。

一、硬件无关性

在一个IT硬件平台上配置操作系统和安装应用软件会导致许多软硬件依赖关系。非虚拟化环境下,操作系统是按照特定的硬件模型进行配置的,当硬件资源发生变化时,操作系统需要重新配置。

而虚拟化则是一个转换的过程,它对某种IT硬件进行仿真,将其标准化为基于软件的版本。依靠硬件的相关性,虚拟服务器能够自动解决软硬件不兼容的问题,很容易地迁移到另一个虚拟主机上。因此,克隆和控制虚拟IT资源比复制物理硬件要容易得多。

二、服务器整合

虚拟化软件提供的协调功能可以在一个虚拟主机上同时创建多个虚拟服务器。虚拟化技术允许不同的虚拟服务器共享同一个物理服务器,这就是服务器整合(sever consolidation),通常用于提高硬件利用率、负载均衡以及对可用IT资源的优化。服务器整合带来了灵活性,使得不同的虚拟服务器可以在同一台主机上运行不同的客户操作系统。

服务器整合是一项基本功能,它直接支持着常见的云特性,如按需使用、资源池、灵活性、可扩展性和可恢复性。

三、资源复制

创建虚拟服务器就是生成虚拟磁盘映像,它是硬盘内容的二进制文件副本。主机操作系统可以访问这些虚拟磁盘映像,因此,简单的文件操作(如复制、移动和粘贴)可以用于实现虚拟服务器的复制、迁移和备份。这种操作和复制的方便性是虚拟化技术最突出的特点之一,它有助于实现以下功能:

◇ 创建标准化虚拟机映像,通常包含虚拟硬件功能、客户操作系统和其他应用软件,将这些内容预打包入虚拟磁盘映像,以支持瞬时部署。

◇ 增强迁移和部署虚拟机新实例的灵活性,以便快速向外和向上扩展。

◇ 回滚功能，将虚拟服务器内存状态和硬盘映像保存到基于主机的文件中，可以快速创建 VM 快照（操作员可以很容易地恢复这些快照，将虚拟机还原到之前的状态）。

◇ 支持业务连续性，具有高效的备份和恢复程序，为关键 IT 资源和应用创建多个实例。

四、基于操作系统的虚拟化

基于操作系统的虚拟化，指在一个已存在的操作系统上安装虚拟化软件，这个已存在的操作系统被称为宿主操作系统（host operating system）。比如，一个用户的工作站安装了某款 Windows 操作系统，现在想生成虚拟服务器，于是，就像安装其他软件一样，在宿主操作系统上安装虚拟化软件。该用户需要利用这个应用软件生成并运行一个或多个虚拟服务器，并对生成的虚拟服务器进行直接访问。由于宿主操作系统可以提供对硬件设备的必要支持，所以，即使虚拟化软件不能使用硬件驱动程序，操作系统虚拟化也可以解决硬件兼容问题。

其中，VM 首先被安装在完整的宿主操作系统上，然后被用于产生虚拟机。

虚拟化带来的硬件无关性使得硬件 IT 资源的使用更加灵活。比如，考虑这样一个情况，物理计算机可以使用 5 个网络适配器，宿主操作系统软件来控制这 5 个适配器。那么，即使虚拟化操作系统无法实际容纳 5 个网络适配器，虚拟化软件也能让虚拟服务器使用这 5 个适配器。

虚拟化软件将需要特殊操作软件的硬件 IT 资源转换为兼容多个操作系统的虚拟 IT 资源。由于宿主操作系统自身就是一个完整的操作系统，因此，许多用来作为管理工具的基于操作系统的服务可以被用来管理物理主机。

这些服务的例子包括：

◇ 备份和恢复

◇ 集成目录服务

◇ 安全管理

基于操作系统的虚拟化会产生与性能开销相关的需求和问题，如：

◇ 宿主操作系统消耗 CPU、内存和其他硬件 IT 资源。

来自客户操作系统的硬件相关调用需要穿越多个层次，降低整体性能。

◇ 宿主操作系统通常需要许可证，而其客户操作系统也需要一个个独立的许可证。

基于操作系统的虚拟化还有一个关注重点是运行虚拟化软件和宿主操作系统所

需的处理开销，实现一个虚拟化层会对系统整体性能产生负面影响。而对影响结果的评估、监控和管理颇具挑战性，因为这要求具备对系统工作负载、软硬件环境和复杂的监控工具的专业知识。

五、基于硬件的虚拟化

基于硬件的虚拟化是指将虚拟化软件直接安装在物理主机硬件上，以绕过宿主操作系统，这也适用于基于操作系统的虚拟化，如图 5-1 所示。

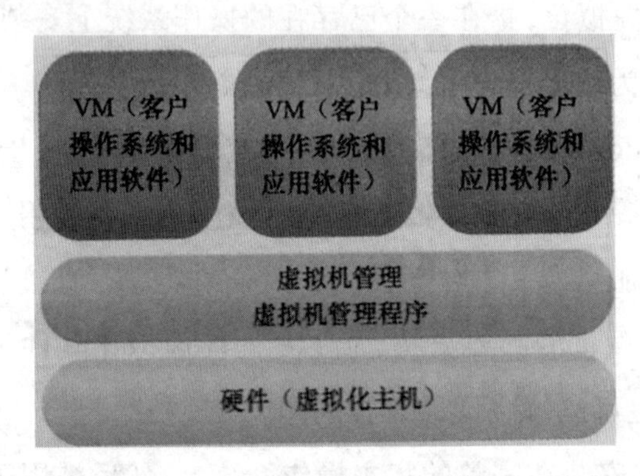

图 5-1　基于硬件虚拟化的逻辑分层，不再需要另一个宿主操作系统

由于虚拟服务器与硬件的交互不再需要来自宿主操作系统的中间环节，因此，基于硬件的虚拟化通常更高效。

在这种情况下，虚拟化软件一般是指虚拟机管理程序（hypervisor），它具有简单的用户接口，需要的存储空间可以忽略不计。它由处理硬件管理功能的软件构成，形成了虚拟化管理层。虽然没有实现许多标准操作系统的功能，但是为了供给虚拟服务器，优化了设备驱动程序和系统服务。因此，这种虚拟化系统主要优化协调所带来的性能开销，这种协调使多个虚拟服务器可以在同一个硬件平台上进行交互。

基于硬件虚拟化的一个主要问题是与硬件设备的兼容性。虚拟化层被设计为直接与主机硬件进行通信，这就意味着所有相关的设备驱动程序和支撑软件都要与虚拟机管理程序兼容。硬件设备驱动程序可以被操作系统调用，却不表示它们同样可以被虚拟机管理程序平台使用。操作系统的高级功能通常包括宿主机控制与管理功能，但是虚拟机管理程序中就不一定有了。

六、虚拟化管理

与使用物理设备相比，许多管理任务使用虚拟服务器会更容易执行。当前的虚拟化软件提供了一些先进的管理功能，使得管理任务自动化，并减少了虚拟 IT 资源上的总体执行负担。虚拟化 IT 资源的管理通常是由虚拟化基础设施管理

(Virtualization Infrastructure Management, VIM)工具予以实现。这个工具依靠集中管理模块对虚拟 IT 资源进行统一管理,也被称为控制器,在专门的计算机上运行。VIM 一般包含在资源管理系统机制中。

七、其他考量

性能开销(performance overhead)——对于高工作负载而又较少使用资源共享和复制的复杂系统而言,虚拟化可能并不是理想的选择。一个欠佳的虚拟化计划会导致过度的性能开销。通常用来改进开销问题的策略是一种被称为半虚拟化的技术,它向虚拟机提供了一个不同于底层硬件的软件接口:为了降低客户操作系统的处理开销,会修改这个软件接口,而这将更难以管理。这个方法的主要缺点是需要让客户操作系统来适应半虚拟化 API,降低了解决方案的可移植性,无法使用标准客户操作系统。

特殊硬件兼容性(special hardware compatibility)——许多硬件厂商发布的专门硬件,可能没有与虚拟化硬件兼容的设备驱动程序版本。反之,软件自身也可能与近期发布的硬件版本不兼容。解决这种兼容性问题的方法就是,使用现有的商品化硬件平台和成熟的虚拟化软件产品。

可移植性(portability)——对于不同的虚拟化解决方案都要运行的一个虚拟化程序而言,由于存在不兼容性,为该程序建立管理环境所需的编程和管理接口会带来可移植性问题。实际运用中已经采取了一些举措来缓解这个问题,比如,开放虚拟化格式(OVF)这样的项目就是为了标准化虚拟磁盘格式。

第二节　数据中心

与地理上分散的 IT 资源相比,彼此邻近成组的 IT 资源有利于能源共享、提高共享 IT 资源使用率以及提高 IT 人员的工作效率。这些优势使得数据中心的概念得以自然推广。现代数据中心是指一种特殊的 IT 基础设施,用于集中放置 IT 资源,包括服务器、数据库、网络与通信设备以及软件系统。

接下来介绍数据中心常见的组成技术与部件。

一、虚拟化

数据中心包含了物理和虚拟的 IT 资源。物理 IT 资源层是指放置计算 / 网络系统和设备，以及硬件系统及其操作系统的基础设施（图 5-2）。虚拟层对资源进行抽象和控制，通常是由虚拟化平台上的运行和管理工具构成。虚拟化平台将物理计算和网络 IT 资源抽象为虚拟化部件，这样更易于进行资源分配、操作、释放、监视和控制。

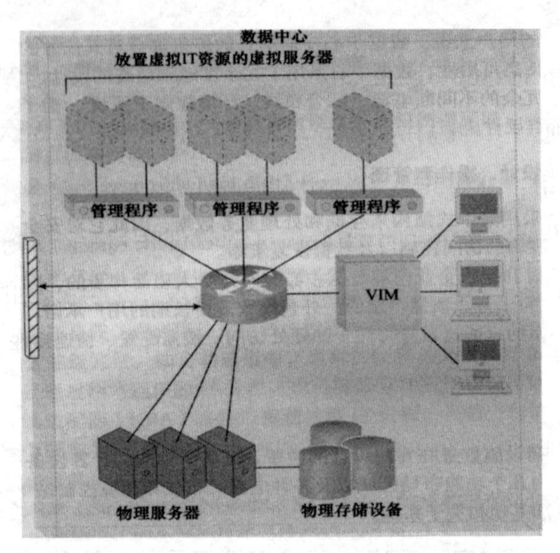

图 5-2　数据中心的常用组件及其协同资源

二、标准化与模块化

数据中心以标准化商用硬件为基础，采用模块化架构进行设计，整合了多个相同的基础设施模块和设备，具备可扩展性、可增长性和快速更换硬件的特点。模块化和标准化是减少投资和运营成本的关键条件，因为它们能实现采购、收购、部署、运营和维护的规模经济。

常见的虚拟化策略和不断改进的物理设备的容量和性能都促进了 IT 资源的整合，因为只需要少的物理组件就可以支持复杂的配置。整合的 IT 资源可服务于不同的系统，也可以被不同的云用户共享。

三、自动化

数据中心具备特殊的平台，将供给、配置、打补丁和监控等任务自动化，而不需要监管。数据中心管理平台和工具的改进利用了自主计算技术来实现自配置和自恢复。

四、远程操作与管理

在数据中心，IT 资源的大多数操作和管理任务都是由网络远程控制台和管理系统来指挥的。技术人员无须进入放置服务器的专用房间,除非是执行特殊任务,比如设备处理、布线以及硬件级的安装与维护。

五、高可用性

对于数据中心的用户来说,数据中心任何形式的停机都会对其任务的连续性造成重大影响。因此,为了维持高可用性,数据中心采用了冗余度越来越高的设计。为了应对系统故障,数据中心通常具有冗余的不间断电源、综合布线、环境控制子系统;为了负载均衡,则有冗余的通信链路和集群硬件。

六、安全感知的设计、操作和管理

由于数据中心采用集中式结构来存储和处理业务数据,因此对安全的要求是彻底和全面的,比如物理和逻辑的访问控制以及数据恢复策略。

几十年来,建设和运营企业内部数据中心有时是令人望而却步的,因此,基于数据中心的 IT 资源外包就成了行业惯例。然而,外包模式需要长期的用户承诺,并且常常缺乏灵活性,而这些都是典型的云通过自身特性(如随处访问、按需配置、快速弹性和按使用付费等)可以解决的问题。

七、配套设施

数据中心的配套设施放置在专门设计的位置,配备了专门的计算设备、存储设备和网络设备。这些设施分为几个功能布局区域以及各种电源、布线和环境控制站等,用于控制供暖、通风、空调、消防和其他相关子系统。

一个给定数据中心的位置和布局通常被划分为隔离的空间。

八、计算硬件

数据中心内许多工作量较重的处理是由标准化商用服务器来执行的,这些模块化服务器具备强大的计算能力和存储容量,包括一些计算硬件技术,例如:

机架式服务器设计由含有电源、网络和内部冷却线路的标准机架构成。

支持不同的硬件处理架构,如 x86-32 位、x86-64 位和 RISC。

在大小如标准机架一个单元的空间上,可以容纳一个具有几百个处理器内核的高效能多核 CPU。

冗余且可热插拔的组件,如硬盘、电源、网络接口和存储控制器卡。

计算架构(如刀片服务器技术)使用了嵌入式机架物理互联(刀片机箱)、光纤(交换机)、共享电源和散热风扇。在优化物理空间和能源的同时,这种互联增强了组件间网络连接和管理。这些系统通常支持单个服务器的热交换、扩展、替换和维护，这有利于部署构建在计算机集群上的容错系统。

现在的计算硬件平台通常支持工业标准的、专有的运维和管理软件系统，可以通过远程管理控制台对硬件 IT 资源进行配置、监视和控制。利用合适的、成熟的管理控制台，单个操作员就可以监控成百上千个物理服务器、虚拟服务器和其他 IT 资源。

九、存储硬件

数据中心有专门的存储系统保存庞大的数字信息，以满足巨大的存储容量需求。这些存储系统包含以阵列形式组织的大量硬盘。

存储系统通常涉及以下技术：

◇ 硬盘阵列（hard disk array）—— 这些阵列本身就进行了划分，并在多个物理硬盘间进行数据复制，利用备用磁盘提升性能和冗余度。这项技术一般利用独立磁盘冗余阵列（RAID）方案，通常使用硬件磁盘阵列控制器来实现。

◇ I / O 高速缓存（I / O caching）—— 通常由硬盘阵列控制器完成，通过数据缓存来降低磁盘访问时间，提高性能。

◇ 热插拔硬盘（hot.swappable hard disk）—— 无须关闭电源，即可安全地从磁盘阵列移除硬盘。

◇ 存储虚拟化（storage virtualization）—— 通过虚拟化硬盘和存储共享来实现。

◇ 快速数据复制机制（fast data replication mechanism）—— 包括快照（snapshotting）和卷克隆（volume cloning）。快照是指将虚拟机内存保存到一个管理程序可读的文件中，以备将来重新装载。卷克隆是指复制虚拟或物理硬盘的卷和分区。

存储系统包含三级冗余，如自动磁带库，通常依赖移动介质用于备份和恢复系统。这种类型的系统可能是通过网络连接的 IT 资源，也可能是直接附加存储（DAS），在 DAS 中存储系统通过主机总线适配器（HBA）直接连接到计算 IT 资源。在前一种情况中，存储系统是通过网络连接到一个或多个 IT 资源的。

网络存储设备通常分为如下两类：

◇ 存储区域网络（Storage Area Network，SAN）—— 物理数据存储介质通过专门网络互联，使用工业标准协议 [如小型计算机系统接口（SCSI）] 提供数据块级的数据存储访问。

◇ 网络附加存储（Network-Attached Storage，NAS）—— 硬盘阵列包含在这个专用设备中，并由其管理。该设备通过网络连接，使用如网络文件系统（NFS）或服务器消息块（SMB）等以文件为中心的数据访问协议来访问数据。

NAS、SAN 和其他更先进的存储系统可以在多个组件中实现容错，如控制器冗余、冷却系统冗余和使用 RAID 存储技术的磁盘阵列。

十、网络硬件

数据中心需要大量网络硬件来实现多层次互联。简单地说，数据中心的网络基础设施可分为五个网络子系统。下面简要介绍这些子系统以及实现它们所需的最常见的元素。

（一）运营商和外网互联

这是与网络互联基础设施相关的子系统。这种互联通常由主干路由器和外围网络安全设备组成。其中，主干路由器提供外部 WAN 连接与数据中心 LAN 之间的路由；外围网络安全设备包括防火墙和 VPN 网关。

（二）Web层负载均衡和加速

这个子系统包括 Web 加速设备，如 XML 预处理器、加密 / 解密设备以及进行内容感知路由的第七层交换设备。

（三）LAN光网络

内部 LAN 是光网络，为数据中心所有联网的 IT 资源提供高性能的冗余连接。LAN 结构包含多个网络交换机，其速度高达 10Gb / s，这有利于网络通信。同时，这些先进的网络交换机还可以实现多个虚拟化功能，比如将 LAN 分割为多个 VLAN、链路聚合、网络间的控制路由、负载均衡，以及故障转移。

（四）SAN光网络

SAN 光网格与提供服务器和存储系统互联的存储区域网络（SAN）相关，它通常由光纤通道（FC）、以太网光纤通道（FCoE）和 InfiniBand 网络交换机来实现。

（五）NAS网关

这个子系统为基于 NAS 的存储设备提供连接点，提供实现协议转换的硬件，以便实现 SAN 和 NAS 设备之间的数据传输。

使用冗余和 / 或容错配置可以满足数据中心网络技术对可扩展性和高可用性的操作需求。上述五个网络子系统改善了数据中心的冗余性和可靠性，以确保即使是在面对多故障时也有足够的 IT 资源保持一定的服务水平。

超高速网络光链路利用复用技术[如密集波分复用(DWDM)]将一个Gb/s的通道整合为多条独立的光纤通道。光链路分布在多个地点,连接服务器,存储系统和复制的数据中心,提高了传输速度和灵活性。

十一、其他考量

IT硬件受快速技术折旧的影响,其生命周期一般是5~7年。这就需要频繁更换设备,其结果是各种硬件混合在一起,这种异质性使得整个数据中心的操作和管理变得异常复杂(虽然通过虚拟化可以得到部分缓解)。

考虑到数据中心的作用以及其中存放的庞大数据,安全性也是一个关键问题。即使有广泛到位的安全防范措施,与数据分散存放在不同的互不连接的部件上相比,完全将数据存放在一个数据中心显然更容易被入侵。

第五章 大数据应用的模式和价值

第一节 大数据应用的一般模式

数据处理的流程包括产生数据，收集、存储和管理数据，分析数据，利用数据等阶段。大数据应用的业务流程也是一样的，包括产生数据、聚集数据、分析数据和利用数据四个阶段，只是这一业务流程是在大数据平台和系统上执行的。

一、产生数据

在组织经营、管理和服务的业务流程运行中，企业内部业务和管理信息系统产生了大量存储于数据库中的数据，这些数据库对应着每一个应用系统且相互独立，如ERP数据库、财务数据库、CRM数据库、人力资源数据库等。在企业内部的信息化应用中，也产生了非结构化文档、交易日志、网页日志、视频监控文件、各种传感器数据等非结构化数据，这是在大数据应用中可以被发现潜在价值的企业内部数据。企业建立的外部电子商务交易平台、电子采购平台、客户服务系统等帮助企业产生了大量外部的结构化数据。企业的外部门户、移动APP、企业博客、企业微博、企业视频分享、外部传感器等系统帮助企业产生了大量外部非结构化数据。

二、聚集数据

企业架构（EA）的三个核心要素是业务、应用和数据，其中业务架构描述业务流程和功能结构，应用架构描述处理工具的结构，数据架构描述企业核心的数据内容的组织。企业内、外部已经产生了大量的结构化数据、非结构化数据，需要将这些数据组织和聚集起来，建立企业级的数据架构，有组织地对数据进行采集、存储和管理。首先要实现的是不同应用数据库之间的整合，这需要建立企业级的统一数据模型，实现企业主数据管理。所谓主数据是指企业的产品、客户、人员、组织、资金、资产等关键数据，通过这些主数据的属性及它们之间的相互关系能够建立企业级数据架构和模型。在统一模型的基础上，利用提取、转换和加载（ETL）技术，将不同应用数据库中的数据聚集到企业级的数据仓库（DW），实现企业内部结构化数据的集成，这为企业商业智能分析奠定了一个很好的基础。面对企业内、外部的非结构化数据，借助数据库和数据仓库的聚集，效果并不好。文档管理和知识管理是对非结构化文档进行处理的一个阶段，仅限于对文档层面的保存、归类和基于元数据的管理。更多非结构化文档的集聚，需要引入新的大数据平台和技术，如分布式文件系统、分布式计算框架、非 SQL 数据、流计算技术等，通过这些技术来加强非结构数据的处理和集聚。内外部结构化、非结构化数据的统一集成则需要实现两种数据（结构化、非结构化）、两种技术平台（关系型数据库、大数据平台）的进一步整合。

三、分析数据

集成起来的企业各种数据是大容量、多种类的大数据，分析数据是提取信息、发现知识、预测未来的关键步骤。分析只是手段，并不是目的。企业内、外部数据分析的目的是发现数据所反映的组织业务运行规律，是创造业务价值。对于企业来说，可以基于这些数据进行客户行为分析、产品需求分析、市场营销效果分析、品牌满意度分析、工程可靠性分析、企业业务绩效分析、企业全面风险分析、企业文化归属度分析等；对于政府和其他事业机构来说，可以进行公众行为模式分析、经济预测分析、公共安全风险分析等。

四、利用数据

数据分析的结果，不是仅仅呈现给专业做数据分析的数据科学家，而是要呈现给更多非专业人员才能真正发挥它的价值，客户、业务人员、高管、股东、社会公众、合作伙伴、媒体、政府监管机构等都是大数据分析结果的使用者。因此，大数据分析结果应当以不同专业角色、不同地位人员对数据表现的不同需求提供给他们，它或许是上报的报表、提交的报告、可视化的图表、详细的可视化分析或者简单的微博信息、视频信息。数据被重复利用的次数越多，它所能发挥的价值就越大。

第二节　大数据应用的业务价值

维克托·迈尔·舍恩伯格认为大数据的重要价值在于建立数据驱动关于大数据相关关系的分析，而独立于相关关系分析法基础上的预测是大数据的核心。大数据让人们知道“是什么”，也许人们还不明白为什么，但对于瞬息万变的商业世界来说，知道是什么比知道为什么更为重要。大数据应用真正要实现的是“用数据说话”，而不是凭直觉或经验。总结起来，大数据应用的业务价值在于三个方面：一是发现过去没有发现的数据潜在价值；二是发现动态行为数据的价值；三是通过不同数据集的整合创造新的数据价值。

一、发现大数据的潜在价值

在大数据应用的背景下，企业开始关注过去不重视、丢弃或者无能力处理的数据，并从中分析潜在的信息和知识，用于以客户为中心的客户拓展、市场营销等。例如，企业在进行新客户开发、新订单交易和新产品研发的过程中，产生了很多用户浏览的日志、呼叫中心的投诉和反馈，这些数据过去一直被企业所忽视，而如今通过对大数据的分析和利用，能够为企业的客户关怀、产品创新和市场策略提供非常有价值的信息。

二、发现动态行为数据的价值

以往的数据分析通常只是针对流程结果、属性描述等静态数据，在大数据应用背景下，企业有能力对业务流程中的各类行为数据进行采集、获取和分析，包括客户行为、公众行为、企业行为、城市行为、空间行为、社会行为等。这些行为数据的获得，是根据互联网、物联网、移动互联网等信息基础设施建立起来的对客观对象行为的跟踪和记录。这使得大数据应用可能具备还原“历史”和预测未来的能力。

三、实现大数据整合创新的价值

在互联网和移动互联网时代，企业收集了来自网站、电子商务、移动应用、呼叫中心、企业微博等不同渠道的客户访问、交易和反馈数据，把这些数据整合起来，形成关于客户的全方位信息，这将有助于企业给客户提供更有针对性、更贴心的产品和服务。随着技术的发展，更多场景下的数据被连接起来了。连接，让数据产生了网络效应；互动，使数据的关系被激活，带来了更大的业务价值。无论是互联网和移动互联网数据的连接、内部数据和社交媒体数据的连接、线上服务和线下服务数据的连接，还是网络、社交和空间数据的连接，不同数据源的连接和互动，使得人类有能力更加全方位、深入地还原和洞察真实的曾经复杂的“现实”。

大数据已成为全球商业界一项优先级很高的战略任务，因为它能够对全球新经济时代的商务产生深远的影响。大数据在各行各业都有应用，尤其在公共服务领域具有广阔的应用前景，如政府、金融、零售、医疗等行业。

四、互联网与电子商务行业

互联网和电子商务领域是大数据应用的主要领域，主要需求是互联网通过访问用户信息记录、用户行为分析，并基于这些行为分析实现推荐系统、广告追踪等应用。

（一）用户信息记录

在 Web 3.0 和电子商务时代，互联网、移动互联网和电子商务上的用户，大部分是注册用户，通过简单的注册，用户拥有了自己的账户，互联网企业则拥有了用户的基本资料信息，网站有用户名、密码、性别、年龄、移动电话、电子邮件等基本信息，社交媒体的用户信息内容更多，如新浪微博中用户可以填写自己的昵称、头像、真实姓名、所在地、性别、生日、自我介绍、用户标签、教育信息、职业信息等，在微信或者 QQ 客户端可以填写头像、昵称、个性签名、姓名、性别、英文名、生日、血型、生肖、故乡、所在地、邮编、电话、学历、职业、语言、手机等。移动互联网用户的信息与手机绑定，可以获得手机号、手机通信录等用户信息。由于互联网用户在上网期间会留下更多的个人信息，如朋友圈中记录关于家庭、妻子、儿女、个人爱好、同学、同事等的信息，在互联网企业用户数据库中的用户信息会越来越完整。

（二）用户行为分析

用户访问行为的分析是互联网和电子商务领域大数据应用的重点。用户行为分析可以从行为载体和行为的效果两个维度进行分类。从用户行为的产生方式和载体来分析用户行为主要包括如下几点：

1. 鼠标点击和移动行为分析

在移动互联网出现之前，互联网上最多的用户行为基本都是通过鼠标来完成的，分析鼠标点击和移动轨迹是用户行为分析的重要部分。目前国内外很多大公司都有自己的系统，用于记录和统计用户鼠标行为。据了解，国内很多第三方统计网站也可以为中小网站和企业提供鼠标移动轨迹等记录。

2. 移动终端的触摸和点击行为

随着新兴的多点触控技术在智能手机上的广泛应用，触摸和点击行为能够产生更加复杂的用户行为，对此类行为进行记录和分析就变得尤为重要。

3. 键盘等其他设备的输入行为

此类设备主要是为了满足不能通过简单点击等进行输入的场景，如大量内容输入。键盘的输入行为不是用户行为分析的重点，但键盘输出的内容却是大数据应用中内容分析的重点。

4. 眼球移动和停留行为

基于此种用户行为的分析在国外比较流行，目前国内很多领域也有类似用户研究的应用，通过研究用户的眼球移动和停留等，产品设计师可以更容易了解界面上哪些元素更受用户关注、哪些元素设计得合理或不合理等。

基于以上这四类媒介，用户在不同的产品上可以产生千奇百怪、形形色色的行为，可以通过对这些行为的数据记录和分析更好地指导产品开发和用户体验。

（三）基于大数据相关性分析的推荐系统

Amazon 建立推荐系统是互联网和电子商务企业的重要大数据应用。推荐系统已经在电子商务企业中广泛应用，Amazon、当当网等电子商务企业就是根据大量用户行为数据的相关性分析为读者推荐相关商品的。例如根据同样兴趣爱好者的付费购买行为，为用户推荐商品，以同理心来刺激购物消费。有关数据显示，Amazon、当当网等电子商务企业近 1/3 的收入来自它的个性化推荐系统。

推荐系统的基础是用户购买行为数据、处理数据的基本算法，在学术领域被称为“客户队列群体的发现”，队列群体在逻辑和图形上用链接表示，队列群体的分析很多都涉及特殊的链接分析算法。推荐系统分析的维度是多样的，如可以根据客户的购物喜好为其推荐相关商品，也可以根据社交网络关系进行推荐。如果利用传统的分析方法，需要先选取客户样本，把客户与其他客户进行对比，找到相似性，但是推荐系统的准确率较低。采取大数据分析技术极大地提高了分析的准确率。

（四）网络营销分析

电子商务网站一般都记录了包括每次用户会话中每个页面事件的海量数据。这样就可以在很短的时间内完成一次广告位置、颜色、大小、用词和其他特征的试验。当试验表明广告中的这种特征更改促成了更好的点击行为，这个更改和优化就可以实时实施。从用户的行为分析中，可以获得用户偏好，为广告投放选择时机。比如通过微博用户分析，获悉用户在每天的这四个时间点最为活跃：早起去上班的路上、午饭时间、晚饭时间、睡觉前。掌握了这些用户行为，企业就可以在对应的时间段做某些针对性的内容投放和推广等。病毒式营销是互联网上的用户口碑传播，这种传播通过社交网络像病毒一样迅速蔓延传播，使它成为一种高效的信息传播方式。对于病毒式营销的效果分析是非常重要的，不仅可以及时掌握营销信息传播所带来的反应（例如对于网站访问量的增长），也可以从中发现这项病毒式营销计划可能存在的问题,以及可能的改进思路,积累这些经验为下一次病毒式营销计划提供参考。

(五)网络运营分析

电子商务网站,通过对用户的消费行为和共享行为产生的数据进行分析,可以量化很多指标服务于产品各个生产和营销环节,如转化率、客单价、购买频率、平均毛利率、用户满意度等,进而为产品客户群定位或市场细分提供科学依据。

(六)社交网络分析

社交网络系统(SNS)通常有三种社交关系:一是强关系,即关注的人;二是弱关系,即被松散连接的人,类似朋友的朋友;三是临时关系,即不认识但与之临时产生互动的人。临时关系是人们没有承认的关系,但是会临时性联系的,比如在SNS中临时评论的回复等。基于大数据分析,能够分析社交网络的复杂行为,帮助互联网企业建立起用户的强关系、弱关系甚至临时关系图谱。

(七)基于位置的数据分析和服务

很多互联网应用加入了精确的全球定位系统(GPS)位置追踪,精确位置追踪为GPS测定点附近其他位置海量相关数据的采集、处理和分析提供了手段,进而丰富了基于位置的应用和服务。

五、零售业

零售行业大数据应用需求目前主要集中在客户行为分析上,通过大数据分析来改善和优化货架商品摆放、客户营销等。

(一)货架商品关联性分析

沃尔玛基于一个庞大的客户交易数据库,对顾客购物行为进行分析,了解顾客购物习惯,发现其中的共性规律。两个著名的应用案例是:“啤酒—纸尿裤关联销售”和“手电筒和蛋挞的关联销售”。沃尔玛的大数据分析发现,啤酒和纸尿裤摆放在一起销售的效果很好,其背后的原因是年轻爸爸一般在买纸尿裤的时候,要犒劳一下自己,买一打啤酒。另一个是手电筒和蛋挞的例子,沃尔玛的大数据分析显示,在飓风季,手电筒和蛋挞的销量数据都很高。根据这一特点,在飓风季节,沃尔玛把手电筒和蛋挞摆在一起可以大幅增加销量。

(二)精准营销

零售业企业需要根据顾客购买行为的交易数据进行客户群分类,把客户群分为品质性顾客、友善性顾客和理性顾客，并针对不同顾客的诉求进行产品的针对性推荐。沃尔玛实验室也开始尝试通过客户的Facebook好友喜好和Twitter发布的内容来进行数据分析，发现顾客的爱好、生日、纪念日等有价值的信息，进行礼品推荐，实现智能销售。

一个典型的零售业大数据分析用于精准营销的案例：美国折扣零售商塔吉特著名的顾客怀孕预测。塔吉特公司分析认为，最会买东西的顾客是妇女，而妇女中的黄金顾客群是孕妇。为了发现顾客中的孕妇，塔吉特通过顾客购买行为的大数据分析找出一些有价值的信息，预测那些买没有刺激性的化妆品、经常补钙的客户可能是孕妇。根据这一结果，商场把一些孕妇产品广告发送到顾客那里，同时把一些促销品广告也杂七杂八地塞在里面。事实证明，尽管确实有出错的时候，但是从整体上看，营销效果很好。沃尔玛收购了大数据分析创业公司Inkiru——一家专注于大数据的数据分析服务商，帮助公司更加系统地评估和分析客户行为、客户转化率、广告跟踪等，提高市场营销的水平。

六、金融业

金融行业应用系统的实时性要求很高，积累了非常多的客户交易数据，因此金融行业大数据应用的主要需求是客户行为分析、金融风险分析等。

（一）基于大数据的客户行为分析

1. 基于客户行为分析的精准营销

招商银行利用对客户刷卡、存取款、电子银行转账、微信评论（链接到腾讯网的数据）等客户行为数据的研究，每周给顾客发送针对性广告信息，里面有顾客可能感兴趣的产品和优惠信息。花旗银行在亚洲有超过250名的数据分析人员，并在新加坡创立了一个“创新实验室”，进行大数据相关的研究和分析。花旗银行所尝试的领域已经开始超越自身金融产品和服务的营销。比如新加坡花旗银行会基于消费者的信用卡交易记录，有针对性地给他们提供商家和餐馆优惠信息。如果消费者订阅了这项服务，在他刷了卡之后，花旗银行系统将会根据此次刷卡的时间、地点和消费者之前的购物、饮食习惯，为其进行推荐。比如，此时接近午餐时间，而消费者喜欢意大利菜，花旗银行就会发来周边一家意大利餐厅的优惠信息，更重要的是，这个系统还会根据消费者采纳推荐的比率，不断学习从而提升推荐的质量。通过这样的方式，花旗银行保持客户的高黏性，并从客户刷卡消费中获益。

2. 基于客户行为分析的产品创新

数据网贷是金融大数据应用的一个重要方向。我国很多中小企业因为没有担保从银行贷不了款，阿里巴巴公司就根据淘宝网上的交易数据情况筛选出财务健康和诚信的中小企业，使这些企业不需要担保就可以贷款。

3. 基于客户行为分析的客户满意度分析

花旗银行收集客户对信用卡的反馈和需求数据，来评价信用卡服务满意度。反馈数据可能是来自电子银行网站或者呼叫中心的关于信用卡安全性、方便性、透支情况等方面的投诉或者反馈，需求可能是关于信息卡在新的功能、安全性保护等方面的新诉求。根据这些数据，分析信用卡满意度，并优化和改进服务。

4. 基于大数据分析的投资

华尔街“德温特资本市场”公司对接 Twitter，分析全球 3.4 亿 Twitter 账户留言，判断民众情绪。人们高兴的时候会买股票，而焦虑的时候会抛售股票，以此决定公司股票的买入或卖出，获得较高的收益率。期货公司依据卫星遥感大数据，分析黑龙江农业主产区的丰收情况，以此确定期货操作策略，获得了较高的收益。

（二）基于大数据分析的金融风险管理

1. 金融风险分析

在评价金融风险时很多数据源可以调用，如来自客户经理、手机银行、电话银行服务、客户日常经营等方面的数据，也包括来自监管和信用评价部门的数据。在一定的风险分析模型下，这些数据源可以帮助银行机构预测金融风险。例如一笔贷款风险的数据分析，其数据源范围就包括偿付历史、信用报告、就业数据和财务资产披露等内容。

2. 金融欺诈行为监测和预防

账户欺诈是一种典型的操作风险，会对金融秩序造成重大影响。很多情况下，大数据分析可以发现账户的异常行为模式，进而监测到可能的欺诈。

保险欺诈也是全球各地保险公司面临的一个挑战。无论是大规模欺诈，如纵火，还是涉及较小金额的索赔，如虚报价格的汽车修理账单，欺诈索赔的支出每年可使企业支付数百万美元的费用，而且成本会以更高保费的形式转嫁给客户。

3. 信用风险分析

征信机构益百利根据个人信用卡交易记录数据，预测个人的收入情况和支付能力，防范信用风险。中英人寿保险公司根据个人信用报告和消费行为分析，找到可能患有高血压、糖尿病和抑郁症的人，发现客户健康隐患。

七、医疗业

医疗行业大数据应用的当前需求主要来自新兴基因序列计算和分析、基于社交网络的健康趋势分析、医疗电子健康档案分析、可穿戴设备的健康数据分析等领域。

（一）基因组学测序分析

基因组学是大数据在医疗健康行业最经典的应用。基因测序的成本在不断降低，同时产生着海量数据。DNAnexus、Bina Technology、APPistry 和 NextBio 等公司正通过高级算法和大数据来加快基因序列分析，让发现疾病痊愈的过程变得更快、更容易和更便宜。

（二）健康趋势分析

求医的病人首先需要选择专科，在一家名为 Zocdoc 的网站上，通过对用户选择专科的数据分析，发现了一个阶段不同城市居民对健康领域的关注点，如"皮肤""牙齿"等其他信息，进而预测该阶段和该地区的健康趋势。例如 11 月份是流感医生预约最频繁的时段，3 月份是鼻科医生预约高峰期。事实上，众多预约挂号平台都能够记录和分析这些数据。

（三）医疗电子健康档案分析

一家名为 Apixio 的创业公司正将散布在医院的各个部门、格式各异、标准各异的病历集中到云端，医生可以通过语义搜索查找任何病例中的相关信息，从而为医学诊断提供更加丰富的数据。CAT 扫描是作为人体"切片"拍摄图像的堆叠，一家医学大数据分析公司正在对大型 CAT 扫描库进行分析，帮助对医疗问题及其患病率进行自动诊断。

（四）可穿戴设备健康数据分析

智能戒指、手环等可穿戴设备可以采集人体的血压、心率等生理健康数据，并把它实时传送到健康云，根据每个人的健康数据提供健康诊疗的建议。越来越多的用户健康数据的汇聚和分析，将形成对一个地区医疗健康水平的分析和判断。

八、能源业

能源行业大数据应用的需求主要有智能电网应用、石油企业大数据分析等。

（一）智能电网应用

在智能电网中，智能电表能做的远不只是生成客户电费账单的每月读数。通过将客户读数频率大幅缩短，可以进行很多有用的大数据分析，包括动态负载平衡、故障响应、分时电价和鼓励客户提高用电效率的长期策略。一家采用智能电表的美国供电公司，每隔几分钟就会将区域内用电用户的大宗数据发送到后端集群当中，集群就会对这数亿条的数据进行分析，分析区域用户用电模式和结构，并根据用电模式来调配区域电力供应。在输电和配电端的传感网络，能够采集输配电中的各种数据，并基于既定模型进行稳态动态暂态分析、仿真分析等，为输配电智能调度提供依据。

（二）石油企业大数据分析

大型跨国石油企业业务范围广，涉及勘探、开发、炼化、销售、金融等业务类型，区域跨度大，油田分布在沙漠、戈壁、高原、海洋，生产和销售网络遍及全球，而其IT基础设施逐步采用了全球统一的架构，因此，它们已经率先成为大数据的应用者。例如，雪佛龙公司建立了一个全球的IT基础设施结构，称为“全球信息交换网络畅通项目”，建立全球统一的计算机、网络、服务器标准、存储标准和IT服务标准，雪佛龙拥有超过10 000台服务器，每天大约新产生2 TB的数据，每秒新产生23 MB数据，每天处理100万个电子邮件消息。面对海量大数据，雪佛龙公司率先采用Hadoop等大数据技术，通过分类和处理海洋地震数据，预测石油储备状况。在油田勘探和开发中，对每个钻井和油田的开发都需要非常复杂的勘测、计算和预测，勘探数据的存储、共享、搜索和分析挖掘也是一个典型的大数据应用案例。

九、制造业

制造业大数据应用的需求主要是产品需求分析、产品故障诊断与预测、供应链分析和优化、工业物联网分析等。

（一）产品需求分析

大数据在客户和制造企业之间流动，挖掘这些数据能够让客户参与到产品的需求分析和产品设计中，为产品创新做出贡献。例如福特福克斯电动车在驾驶和停车时产生大量数据。在行驶中，司机持续地更新车辆的加速度、刹车、电池充电和位置信息。这对于司机很有用，然而数据也会传回福特工程师那里，以了解客户的驾驶习惯，包括如何、何时及何处充电。即使车辆处于静止状态，它也会持续将车辆胎压和电池系统的数据传送给最近的智能电话。这种以客户为中心的场景具有多方面的好处，因为大数据实现了宝贵的新型协作方式。司机获得有用的最新信息，而位于底特律的工程师汇总了关于驾驶行为的信息，以了解客户，制订产品改进计划，并实施新产品创新。而且,电力公司和其他第三方供应商也可以分析数百万英里的驾驶数据,以决定在何处建立新的充电站,以及如何防止脆弱的电网超负荷运转。

（二）产品故障诊断与预测

无所不在的传感器技术的引入使产品故障实时诊断和预测成为可能。在波音公司飞机系统的案例中,发动机、燃油系统、液压和电力系统以数以百计的变量组成了在航状态,不到几微秒就被测量和发送一次。这些数据不仅仅是未来某个时间点能够分析的工程遥测数据,而且促进了实时自适应控制、燃油使用、零件故障预测和飞行员通报,能有效实现故障诊断和预测。

（三）供应链分析和优化

在供应链上积累了大量合作伙伴的数据。以海尔公司为例,它的供应链体系很完善,以市场链为纽带,以订单信息流为中心,带动物流和资金流的运动,整合全球供应链资源和全球用户资源。在海尔供应链的各个环节,客户信息、企业内部信息、供应商信息被汇总到供应链体系中,通过供应链上的大数据采集和分析,海尔公司就能够持续进行供应链改进和优化,确保了海尔对客户的敏捷响应。

（四）工业物联网分析

现代化工业制造生产线安装有数以千计的小型传感器,来探测温度、压力、热能、振动和噪声。由于每隔几秒就收集一次数据,利用这些数据可以实现很多形式的分析,包括设备诊断、用电量分析、能耗分析、质量事故分析(包括违反生产规定、零部件故障)等。

十、电信运营业

运营商的移动终端、网络管道、业务平台、支撑系统中每天都在产生大量有价值的数据,基于这些数据的大数据分析为运营商带来了巨大的机遇。目前看,电信业大数据应用集中在客户行为分析、网络优化、安全智能等方面。

（一）客户行为分析

运营商的大数据应用和互联网企业很相似,客户分析是其他分析的基础。基于统一的客户信息模型,运营商收集来自各种产品和服务的客户行为信息,并进行相应服务改进和网络优化。如分析在网客户的业务使用情况和价值贡献,分析、跟踪成熟客户的忠诚度及深度需求(包括对新业务的需求),分析、预测潜在客户,分析新客户的构成及关键购买因素(KBF),分析通话量变化规律及关键驱动因素,分析转换网客户的换网倾向与因素，建立、维护离网客户数据库，开展有针对性的客户保留和赢回。用户行为分析在流量经营中起着重要的作用，用户的行为结合用户视图、产品、服务、计费、财务等信息进行综合分析，得出细粒度、精确的结果，实现用户个性化的策略控制。

（二）网络分析与优化

网络管理维护优化是指进行网络信令监测，分析网络流量、流向变化、网络运行质量，并根据分析结果调整资源配置；分析网络日志，进行网络优化和故障定义。随着运营商网络数据业务流量的快速增长，数据业务在运营商收入中占比不断增加，流量与收入之间的不平衡也越发突出，智能管道、精细化运营成为运营商突破困境的共识。网络管理维护和优化成为精细化运营中的一个重要基础。传统的信令监测尤其是数据信令监测已经面临瓶颈，以某运营商的省公司为例，原始数据信令达到 1 TB/ 天，以文件的形式保存。而处理之后生成的 xDR（x Detail Record）数据量达到 550 GB/ 天，以数据库的形式保存。通常这些数据需要保存数天甚至数月，传统文件系统及传统关系数据库处理这么大的数据量显得捉襟见肘。面对信令流量快速增长、扩展困难、成本高的情况，采用大数据技术数据存储量不受限制，可以按需扩展，同时可以有效处理达 PB 级的数据，实时流处理及分析平台保证实时处理海量数据。智能分析技术在大数据的支撑下将在网络管理维护优化中发挥积极作用，网络维护的实时性将得到提升，事前预防也将成为可能。比如通过历史流量数据及专家知识库结合，生成预警模型，可以有效识别异常流量，防止出现网络拥塞或者病毒传播等异常。

（三）安全智能

运营商服务网络的安全监测和预警也是大数据应用的一个重要领域。基于大数据收集来自互联网和移动互联网的攻击数据，提取特征，并进行监测，进而保障网络的安全。

十一、交通业

（一）交通流量分析与预测

大数据技术能促进提高交通运营效率、道路网的通行能力、设施效率和调控交通需求分析。大数据的实时性，使处于静态闲置的数据被处理和需要利用时，即可被智能化利用，使交通运行更加合理。大数据技术具有较高的预测能力，可降低误报和漏报的概率，随时针对交通的动态性给予实时监控。因此，在驾驶员无法预知交通拥堵的可能性时，大数据也可以帮助用户预先了解。

（二）交通安全水平分析与预测

大数据技术的实时性和可预测性则有助于提高交通安全系统的数据处理能力。在驾驶员自动检测方面，驾驶员疲劳视频检测、酒精检测器等车载装置将实时检测驾车员是否处于警觉状态，行为、身体与精神状态是否正常。同时，联合路边探测器检查车辆运行轨迹，大数据技术快速整合各个传感器数据，构建安全模型后综合分析车辆行驶安全性，从而有效降低交通事故的可能性。在应急救援方面，大数据以其快速的反应时间和综合的决策模型，为应急决策指挥提供辅助，提高应急救援能力，减少人员伤亡和财产损失。

（三）道路环境监测与分析

大数据技术在减轻道路交通堵塞、降低汽车运输对环境的影响等方面有重要的作用。通过建立区域交通排放的监测及预测模型，共享交通运行与环境数据，建立交通运行与环境数据共享试验系统，大数据技术可有效分析交通对环境的影响。通过分析历史数据，大数据技术能提供降低交通延误和减少排放的交通信号智能化控制的决策依据，建立低排放交通信号控制原型系统与车辆排放环境影响仿真系统。

第三节 大数据应用的共性需求

随着互联网技术的不断深入，大数据在各个行业领域中的应用都将趋于复杂化，人们亟待从这些大数据中挖掘到有价值的信息，大数据在这些行业中应用的一些共性需求特征，能够帮助人们更清晰、更有效地利用大数据。大数据在企业中应用的共性需求主要有业务分析、客户分析、风险分析等。

一、业务分析

企业业务绩效分析是企业大数据应用的重要内容之一。企业从内部 ERP 系统、业务系统、生产系统等中获取企业内部运营数据，从财务系统或者上市公司年报中获取财务等有利用价值的数据，通过这些数据分析企业业务和管理绩效，为企业运营提供全面的洞察力。

企业最重要的业务是产品设计，产品是企业的核心竞争力，而产品设计需求必须紧跟市场,这也是大数据应用的重要内容。企业利用行业相关分析、市场调查甚至社交网络等信息渠道的相关数据,利用大数据技术分析产品需求趋势,使得产品设计紧跟市场需求。此外,企业大数据应用在产品的营销环节、供应链环节以及售后环节均有涉及,帮助企业产品更加有效地进入市场,为消费者所接受。通过对企业内外部数据的采集和分析,并利用大数据技术进行处理,能够较为准确地反映企业业务运营的现状、差距,并对未来企业目标的实现进行预测和分析。

二、客户分析

在各个行业中,大数据应用大部分是用于满足客户需求,企业希望大数据技术能够更好地帮助企业了解和预测客户行为,并改善客户体验。客户分析的重点是分析客户的偏好以及需求,达到精准营销的目的,并且通过个性化的客户关怀维持客户的忠诚度。赛智时代咨询公司研究显示企业基于大数据对客户分析主要表现在三个方面:全面的客户数据分析、全生命周期的客户行为数据分析、全面的客户需求数据分析。这些客户大数据分析可以帮助企业更好地了解客户,进而帮助企业进行产品营销、精准推荐等。

(一)全面的客户数据分析

全面的客户数据是指建立统一的客户信息号和客户信息模型,通过客户信息号,可以查询客户各种相关信息,包括相关业务交易数据和服务信息。客户可以分为个人客户和企业客户,客户不同,其基本信息也不同。比如,个人客户登记姓名、年龄、家庭地址等个人信息,企业客户登记公司名称、公司注册地、公司法人等信息。个人和企业客户的共同特点有客户基本信息和衍生信息,基本信息包括客户号、客户类型、客户信用度等,衍生信息不是直接得到的数据,而是由基本信息衍生分析出来的数据,如客户满意度、贡献度、风险性等。

(二)全生命周期的客户行为数据分析

全生命周期的客户行为数据是指对处于不同生命周期阶段的客户的体验进行统一采集、整理和挖掘,分析客户行为特征,挖掘客户的价值。客户处于不同生命周期阶段对企业的价值需求有所不同,需要采取不同的管理策略,将客户的价值最大化。客户全生命周期分为客户获取、客户提升、客户成熟、客户衰退和客户流失五个阶段。在每个阶段,客户需求和行为特征都不同,对客户数据的关注度也不相同,对这些数据的掌握,有助于企业在不同阶段选择差异化的客户服务。

在客户获取阶段,客户的需求特征表现得比较模糊,客户的行为模式表现为摸索、了解和尝试。在这个阶段，企业需要发现客户的潜在需求，努力通过有效渠道提供合适的价值定位来获取客户。在客户提升阶段，客户的行为模式表现为比较产品性价比、询问产品安装指南、评论产品使用情况以及寻求产品的增值服务等。这个阶段企业要采取的对策是把客户培养成高质量客户，通过不同的产品组合来刺激客户的消费。在客户成熟阶段，客户的行为模式表现为反复购买、与服务部门信息交流、向朋友推荐自己所使用的产品。这个阶段企业要培养客户忠诚度和新鲜度并进行交叉营销，给客户更加差异化的服务。在客户衰退阶段，客户的行为模式是较长时间的沉默，对客户服务进行抱怨、了解竞争对手的产品信息等。这个阶段企业需要思考如何延长客户生命周期，建立客户流失预警，设法挽留住高质量客户。在客户流失阶段，客户的行为模式是放弃企业产品，开始在社交网络上给予企业产品负面评价。这个阶段企业需要关注客户情绪数据，思考如何采取客户关怀和让利以挽回客户。

（三）全面的客户需求数据分析

全面的客户需求数据分析是指通过收集客户关于产品和服务的需求数据，让客户参与产品和服务的设计，进而促进企业服务的改进和创新。客户对产品的需求是产品设计的开始，也是产品改进和产品创新的原动力。收集和分析客户对产品需求的数据，包括外观需求、功能需求、性能需求、结构需求、价格需求等。这些数据可能是模糊的、非结构化的，然而对于产品设计和创新而言却是十分宝贵的信息。

三、风险分析

企业关于风险的大数据应用主要是指对安全隐患的提前发现、市场以及企业内部风险提前预警等。首先，企业要对内部各个部门、各个机构的系统、网络以及移动终端的操作内容进行风险监控和数据采集，针对具有专门互联网和移动互联网业务的部门，也要对其操作内容和行为进行专门的数据采集。数据采集需要解决的问题有企业的经营活动、各经营活动中存在的风险、记录或采集风险数据的方法、风险产生的原因、每种风险的重要性。其次，要实时关注有关市场风险、信用风险和法律风险等外部风险数值，获得这些内外部数据之后，要对风险进行评估和分析，关注风险发生的概率大小、风险概率情况等。通过大数据技术对风险进行分析之后，就需要对风险进行减小、转移、规避等策略，选择最佳方案，将风险最小化。

第六章　大数据的实践应用研究

第一节　大数据时代城乡规划决策及应用

在大数据时代下，城乡规划决策比较复杂，在城乡规划方面存在一定的不确定因素，针对当前大数据时代的现状，要求相关部门充分利用大数据技术，对城乡进行合理的规划，确保整体合理性和科学性。本节以大数据时代下城乡规划决策要求为基础，对具体的途径进行分析。

随着科学技术的不断进步，大数据广泛应用在各行各业中，在城乡规划的过程中，各种不确定因素普遍存在，可能导致城乡规划难以顺利实施。在大数据应用中，需要为城乡规划提供全面和详细的数据信息，此外相关部门和工作人员等需要顺应时代发展趋势，积极利用大数据的优势，结合大数据时代的特点，促使城乡规划更加合理和科学。

一、大数据时代对城乡规划决策的影响

在大数据时代下对城乡建设和规划的要求高，结合现有决策机制可知，在决策过程中，合理地进行城乡规划和建设，能确保决策的有效性。

（一）符合城乡规划的要求

在当前城乡规划和建设中，对数据的应用有严格的要求，根据表征可知，各种信息是透明的，是人民主动参与到民主讨论的后盾。在城乡规划和建设中，自身具有独特性的特点，在城乡布局的过程中，在公共领域的资源配置中，确保整体科学性，可以实现多数人的价值目标。在规划设计中，进行契合性分析，在城乡布局和决策中，如果城乡规划设计和决策等不合理，可能引起一系列的非平衡问题，对整体发展产生负面影响，因此在城市决策和控制中，考虑到公共利益，要进行大规模的个体属性和需求概率分析。在大数据分析和操作中，以公共利益为基础，确定实际目标导向，给城乡规划和建设带来积极影响。从宏观角度而言，微观的个体组织结构的改变，显示了离散的流程，在城市空间建设中，符合形势要求，在大数据时代分析中，进行城乡规划有效决策。

（二）提供利益权衡机制

在大数据潮流下，利益权衡机制符合城乡规划和决策的具体要求，在单位利益权衡管理中，提供必要的数据条件，在城市发展期间，区域间的竞争激烈，以多个空间维度为基础，纵横各个方向可知，需要实时数据和信息等分析。在城乡规划和统一阶段，设计出严密性的管理机制，深化核心发展资源形式可知，有效规划后，能达到理想的目的。在大数据思想指引下，将多个队伍进行层级划分，在当前平台下进行处理，实现空间利益的权衡。

二、城乡规划决策与大数据的耦合

在城乡规划和决策中，以大数据为基础，实现耦合性管理，对城乡规划决策与大数据的耦合进行研究。

（一）城乡规划数据源

在大数据整合性管理中，各个部门之间的信息和数据对比是关键，在大数据管理中，实现的是数据信息的交换。在城乡规划和设计中，由于数据比较冗杂，城乡的规划需要大量的信息，由于数据多，在管理中，涉及的部门多，需要综合考虑多个方面。在城乡规划中，信息模式有多样化的特点，信息本身有动态特征，在时代发展中，城乡规划的数据也发生变化，要求不断进行更新和完善。大数据应用在城乡规划中，可以实现对数据和信息的详细分析。

（二）城乡规划决策的本质

城乡规划本身是个复杂和烦琐的过程，在进行城乡规划的阶段，有很多的不确定因素，此类因素可能给城乡规划带来一定的不良影响，在大数据城乡规划设计中，应进行相关性分析。在诸多不确定因素之下，实际的城乡建设和城乡规划等存在误差，甚至存在超出可控范围的现象，必须实现对城乡规划的预测。无论是何种情况，实现规划后不能停止，在整个过程中，如果出现失败或者失误，必然给城市建设带来消极影响。

（三）不确定性分析

城乡规划中不确定的因素多，一种是对象，另外一种是决策主体。对象的不确定性指的是城乡规划的负责性，以传统数据为例，数据冗杂、处理难度大。规划主体也存在一定的不确定性，整个过程中，缺少预测工具，如果工具预测不到位，容易增加规划难度，甚至滋生安全隐患。在城乡规划和决策中应用大数据模式，能避免各种问题，确保城乡规划和建设的稳定性。

三、大数据时代促进城乡规划决策理念发展的应用途径

（一）进行可视化创新

时代的不断发展和进步，带动了经济和科技的进步，在城乡规划和设计中，数据信息繁多，相关部门需要利用大数据来整理和分析冗杂的数据，数据可视化技术满足了这一条件，可视化技术应用中，将数据作为简单点线图，可以将其更好地呈现在受众面前。科学技术不断进步，可视化技术方式取得突出的进步，此外仪表盘和计分板等应用后，能确保动画技术和交互式三维地图的合理性。在各种数据信息分析中，城乡规划设计，对宏观模式有严格的要求，可以发挥可视化技术的优势，实现城乡规划的有序评估和应用。可视化技术形式可以整理和分析城市夜晚的灯光数据，结合结果进行城乡体系的热点区域评估，相比遥感技术而言，可视化技术方式更加方便和快捷。

（二）实现数据信息的整合

数据的完整性和规模化等决定了城市规划和决策的对称程度，影响了城市规划的最终结果。在进行城乡规划建设中，各个部门需要转换数据格式，科学的依据方式能确保策划方案的完善性，此外在共享平台建设中，实现的是动态数据的分析。在实时监督和管理中，提升了资源的开发效率。大数据应用的结构特殊，在数据整合中，最大限度实现大数据的价值观。

（三）完善现有规划方案

在实施城乡规划和决策的过程中，可以提前进行模拟规划，在模拟规划设计中，能最大限度避免出现资金损失。模拟规划的形式比较多，以空间模拟为例，此类方式对比的是模拟数据和实际数据，在城乡规划和决策中，提供准确和全面的信息。此外在数量模拟中，利用不同种类的预测工具，在空间互相作用的模拟条件下，结合居民、开发商、政府等因素，针对实际情况提供多种决策模式，便于工作人员选择最优的方案。

时代不断在进步，信息化发展优势明显。在城乡规划和决策中，信息技术的应用能为城乡规划和决策奠定基础。以可行性方案为例，在决策和控制中，要求对应的部门根据区域的具体情况，确保城乡建设的科学性。在决策过程中提供有价值的数据信息，实现区域矛盾的缓解，保证资源配置更加优化和合理，实现城市的和谐发展。

通过进行可视化创新、实现数据信息的整合、完善现有规划方案等方式进行城乡规划,确保城乡统一进步。

第二节 健康大数据在药物经济决策中的应用

健康大数据(Healthy big data)是随着近几年数字化浪潮和信息现代化而出现的新名词,是指无法在可承受的时间范围内用常规软件工具进行捕捉、管理和处理的健康数据的集合,是需要新处理模式才能具有更强的决策力、洞察发现力和流程优化能力的海量、高增长率和多样化的信息资产。将健康大数据应用于药物经济决策中,对于药物经济学的良好发展有重要的意义。

一、健康大数据在药物经济决策中应用的作用

(一)监测大众身体状况

顾名思义,健康大数据是以人类健康为基础建立起来的数据库与信息模型。在药物经济决策中应用健康大数据,有助于更好地监测大众身体健康状况。例如药物经济学家在进行科学的决策工作中,可以预先登录到有关数据库中检索健康大数据的各种资料和信息,从而判断出未来药物经济的发展趋势与药品研究的基本走向。

(二)科学预防各种疾病

随着大数据技术的不断发展,健康大数据应运而生。在药物经济决策中科学、合理地应用健康大数据,可以达到预防各种疾病的效果。这是因为药物经济学家在分析健康大数据的过程中,能够透过诸多的健康大数据来分析未来各种疾病的发展规律与变化特征,一旦预测到疾病有恶化或者患者数量增多的趋势,就会采取相应的药物研究方法,设计出新型药物指导疾病的预防,或者注射各种疫苗来科学地控制疾病。

(三)分析健康发展趋势

在人类医学事业发展突飞猛进的今天,了解人类的健康发展趋势,对于药物经济决策工作的影响比较大。为更好地提升药物经济学决策效果,首先要掌握人类的健康发展趋势。在这种情况下,药物经济学家在决策中可以充分借助并利用健康大数据资料,以提升决策的科学性与准确性,促进我国药物经济学的优良发展。

二、健康大数据在药物经济决策中应用的方法

（一）构建完善的大数据管理系统

加大资金投入力度，构建完善的大数据管理系统。在药物经济决策中应用健康大数据，需要从收集、分析、处理健康大数据资料和信息入手。而在整理各种健康大数据资料的过程中，对于大数据信息系统的要求比较高。该系统中不仅含有国内的健康大数据信息，而且还包含国外众多的大数据资料。只有药物经济学研究所内部具备完善的大数据管理系统，才能充分提升健康大数据的利用率，发挥健康大数据的重要作用和优势，让健康大数据更好地服务于药物经济学决策工作与研究工作。我国相关机构及其部门要加大资金投入力度，积极完善各类健康大数据管理系统，加强基础设施建设。

（二）建立科学的大数据分析模型

建立科学的大数据分析模型，不断提高药物经济决策的专业性，这对于健康大数据在药物经济决策中的良好应用有着积极的意义。在分析健康大数据的过程中，需要药物经济研究人员建立科学的大数据分析模型，通过当前已经具备的科学数据来预测未来人类疾病、健康、生命发育的基本趋势。所以，要想提升决策的科学性与准确性，我国药物经济学研究人员必须要提高个人的专业化发展水平，建立健全大数据信息管理制度，定期加强培训以提高科研人员的药物经济研究水平。在构建大数据分析模型中保持科学性与谨慎性，一方面，要符合人类当前的疾病与健康发展状况。另一方面，还要在目前的基础上提高决策的前瞻性，以更好地造福于人类。

（三）药物研究立足于健康大数据

药物研究应当以健康大数据为重要依据和基础，并且保证健康大数据得到充分的应用。健康大数据的资源比较丰富，通过对大数据系统中的信息进行检索，甚至可以挖掘出 20 世纪的诸多健康资料与数据。所以，在药物经济决策中应用健康大数据时，需要药物经济学研究人员从广泛的健康大数据信息库中收集对当下研究有用的资料和信息，这种工作的强度与难度都比较大。如果不能确保对健康大数据的充分利用，将会影响到药物经济决策的科学性与有效性。对于这种情况，相关药物经济研究人员要保持科学、谨慎的分析态度，对健康大数据资料进行全面的处理。从过去、现在的诸多数据信息中整理出适合当前药物决策的数据资料，以充分提高药物经济决策的综合水平，并符合人类健康发展大趋势。

第三节　大数据在政府决策中的应用

随着大数据时代的到来，大数据作为一种新兴工具在各行业的工作中都发挥着重要的作用。很多政府部门也已经将大数据运用到了公共决策当中，大数据在给政府决策理念与决策模式带来机遇的同时也带来了一些困境。面对纷繁复杂的决策环境，各级政府都应该积极应对挑战，通过主动树立大数据理念、优化相关制度和机制、着重培养复合型人才等方法，来推进政府利用大数据进行科学决策的能力。

近年来，中共中央政治局针对实施国家大数据战略进行了多次集体学习。中共中央总书记习近平同志在主持学习时明确指出，大数据发展日新月异，我们应该审时度势、精心谋划、超前布局、力争主动，深入了解大数据发展现状、趋势及其对未来国民经济社会发展的长远影响，分析我国大数据近年来所取得的成绩和存在的问题，推动实施国家大数据战略，推进数据的资源整合和开放共享，加快数字中国的建设，以保障更优质地服务于我国经济社会的发展和人民生活的改善。

由此可见，大数据不仅是时代的弄潮儿，更是政府工作的重要内容和有力工具。在公共决策领域，大数据作为一项新工具，决策主体如何主动利用好这个新工具，发挥出大数据工具的优势是当前政府决策主体亟须解决的问题。

一、政府决策的概念

什么是政府决策？主体是国家行政机关，其决策过程属于行政管理程序，其决策的职能是国家行政管理职能，其决策的事项是国家公共事务。“政府决策”既可是动词亦可是名词，作为动词而言指政府机关针对有关公共问题，为实现和维护公共利益而制订计划、选择方案并最终落实的行为与过程；作为名词讲，是指政府机关为解决公共问题、实现公共利益而选择和制订的计划、方案和策略。

关于大数据与公共政策的关系，黄璜认为，大数据本身已经是一个客观的存在。它对公共政策的影响已经在不同层面和不同领域中显现出来。公共政策不仅要利用大数据提高政策水平，更重要的是要面向和适应越来越数据化的社会环境，必须要将大数据作为公共政策研究的一个新的变量，这是挑战也是机遇。

二、政府运用大数据决策的困境

近年来，随着政府电子政务的发展与覆盖，政府管理的数据量呈现出爆炸性增长的态势，并带有复杂性、突发性、零散性等特点，这除了给决策主体带来大量的可利用的数据之外，也给决策主体筛选和甄别数据带来了困难。传统的个人领袖经验主义决策模式，已然无法与大数据环境下进行公共决策的需求相匹配。

（一）政府决策主体缺乏大数据观念

数据信息的采集与分析是现代化政府进行公共决策的首要前提。关于当前大数据在政府部门的运用状况，我国主要部委中信息化部门的一项调查报告指出，“有近40%的政府部门负责人对于大数据提升业务能力的重视程度还相差甚远”。这也体现出各级政府的决策机构对应用大数据决策的主动性不高。政府决策主体缺乏大数据观念，在决策信息采集过程中，往往还是采用较为传统的形式进行相关数据的收集和分析，这种方式成本较高而且分析结果的精确度较低。随着数据的爆发式增长，在体量巨大、纷繁复杂的大数据面前，传统的数据分析方法也难以辨别数据的真伪性以及数据的有效性。意识是行为的先导，只有政府主动树立运用大数据进行决策这一观念，才能使大数据技术融入公共决策，增强决策的科学性、降低决策成本。

（二）政府决策过程存在制度障碍

首先，我国政府在具体工作的实施过程中，各职能部门所掌控的数据还缺乏统一标准，这样必然会导致数据的零碎性，数据与信息独立门户、相互割裂，大多处于孤立碎片化的形态无法实现资源共享，造成了一种极大的数据浪费；其次，一些地方政府机构并未形成数据共享机制，特别是基层偏远地区，互联网与新媒体的发达程度还不够，存在着信息闭塞和信息孤立等问题；最后，传统政府决策体制的垂直化领导形式，易导致各部门之间缺乏沟通配合，各自为政。传统决策机构庞大烦琐，责任分工不明确，导致决策出现滞后性，在回应社会与公众诉求时反应迟缓。这种传统体制的壁垒造成了我国政府机构决策过程中“数据孤岛化”的现象越演越烈。

（三）政府决策组织缺乏专业人才

政府利用大数据决策的最大掣肘就是专业人才短缺。就政府决策目前情况来看，仍然以传统的关系数据库系统作为主要工具来处理公务。大数据的数据本身具有庞大性、多样性和低价值密度等特点，它作为一种信息资产，需要全新的处理模式来达成更强的决策力和优化处理的能力。这对相关从业者的要求也相应变得更加严格，需要其具有高级分析相关领域的从业经验，如灵活应用 Map Reduce 及 R 语言等一系列技术统计建模和分析预测的能力。这些专业人员能够通过数据挖掘、数据库建立、分析整合和交流共享等一系列活动建立起一个完整的大数据体系，从而解决政府在面对庞大数据库时的盲目选择问题。当前从事数据分析工作的通常是基于网络信息工程的专业人士，这些人才通常对编程、硬件和软件信息管理轻车熟路，往往并不精通大型数据的挖掘和整合，尤其是结合当下政府决策的客观背景，能够理性做出大数据分析和判断的应用型人才更是存在严重缺口，这对政府利用好大数据决策来说是一个严峻挑战。

三、大数据时代政府如何转变决策思维

政府基于大数据决策已经是当前社会发展的大势所趋。要提高我国政府决策的科学预判准确度、切实加强我国政府决策能力建设、促进政府决策能力现代化和数据决策体系的一体化，就要加大力度积极推进政府决策主体对大数据分析技术的主动嵌入和灵活应用。大数据让公共决策发生重大变革，给公共决策带来机遇与挑战。那么，在大数据时代，决策主体又要怎样转变决策思维呢？

（一）树立大数据意识

大数据作为现代社会的一个客观存在，正在日益深入地影响着政府决策主体的决策，各级政府决策机构要想更好更快地做好决策，必须积极树立大数据意识。一是要主动组织各级决策机构的培训，认真领会习近平总书记关于大数据的讲话精神，让决策机构意识到大数据的重要性和利用大数据的价值；二是充分利用好现有平台和数据，运用大数据技术对现有数据进行整合处理，避免出现数据浪费现象；三是在做各种决策的时候，有意识地利用大数据技术进行分析和处理，在实践中不断掌握对大数据技术的运用方法。

（二）优化政府决策机制

首先，建立政府数据标准和共享机制。按照数据安全优先、权责统一的原则，完善相关法规和制度，明确数据使用的责任主体，打破传统体制下的数据壁垒，提高数据使用效率。其次，参照社会组织，建立数据官制度。数据官的主要职责是根据政府决策主体的现况和未来需要，建立相关决策数据库，选择大数据收集、分析和处理的相关工具，对大数据进行相关分析，并对决策提出相应的建议。最后，在大数据时代个人隐私的保护和使用已经成为一个突出问题，保护隐私信息是政府的职责，进行相关的制度建设尤为重要。政府应该建立数据监管机构，建立健全数据信息收集和使用的法律法规。在数据监管上，坚持谁使用谁负责的原则。设立大数据审计员制度，判断数据收集的方式、分析的方法和使用的用途是否合理合法，确保政府决策过程的大数据应用安全，无隐患。

（三）着重培养复合型人才

首先，培养大量的数据科学家、数据分析师、数据架构师。大数据的发展使社会进入了一个全新的时代，这种新工具为政府提高决策能力带来了良机，但是这种复合型人才短缺的现象使政府在面临庞大数据时力不从心。其次，加强对领导干部的专业性培养。党校为政府、社会的领导干部输出做出了重要贡献，但目前党校所开设的涉及大数据专业性分析的课程还为之甚少。应将培养出的数据人才选送到公共决策的岗位上来，组成一支强有力的政府决策分析队伍，不断地考核和筛选出政治素养高、精通数据分析的复合型人才，使其在政府的决策岗位上发挥出最大价值，为政府科学决策、更优质服务社会做出积极贡献。最后，政府可联合高校，例如在 MPA 的授课中将公共管理与信息工程、计算机软件等有关于大数据的课程相结合。大数据对技术含量要求非常高，例如数据挖掘、分类整合、关联共享等。利用高校得天独厚的教育资源和学术氛围，对培养出复合型数据分析人才有着重大意义。大数据是一个融互联网、云计算以及物联网等诸多现代化科技于一身的综合数据处理器，政府应对大数据的技术研发给予高度重视，甚至可以将其列为政府日常公务的一个重要部分，来确保掌握核心技术并能够进行自主创新，把握信息制高点。

大数据技术的衍生标志着全球进入了一个全新的信息时代，它作为一项新工具实现了政府在决策过程中提高科学性这一愿景，体现出了大数据在改变政府决策方面所做出的贡献，不仅提高了政府决策效率和效果，还将赋予政府新的生机与活力。在大数据融入政府决策的同时，应该意识到最大障碍并不是领先时代的硬件技术和方法，而是从决策理念和意识态度上的转变。我国政府在管理体制机制上存在着一些难题和制约，传统决策模式对决策主体也存在着制约，使庞大的数据集变成有价值可利用的数据资源，并且能够推陈出新地利用好大数据这个新工具来构建政府大数据决策支持系统，还须多鞭策各级地方政府、社企组织以及科研院所，加大力度应用大数据辅助决策，以更加敏锐的眼光和积极开放的态度把握住经济社会发展态势，更好更快地实现我国政府公共决策的科学化、现代化。

第四节　大数据挖掘在电商市场中分析与决策的应用

根据 CNNIC 在 2018 年发布的中国电商市场相关购物报告，我国在 2018 年电商市场中的消费额在社会所有消费额中占据 18.9% 的比例，为 5.48 万亿元，仅 B2C

交易额就有 3.05 万亿元。客观来讲，电商市场的飞速发展和我国的政策存在密切关系。因此，研究电商市场分析与决策应用大数据挖掘的策略具有现实意义。

一、当前大数据挖掘概况

目前，大量学科领域都对数据挖掘技术进行了应用。大数据挖掘这一技术暂时没有明确的定义。相关学者提出，大数据挖掘是对数据包含的知识进行挖掘，这种表达方法无法将其含义充分表达出来。从广义角度看，大数据挖掘应是具有一个包含动态流入系统、Web、数据库的信息库，能够挖掘出海量数据中的趣味模式，找到有趣的知识。从技术角度看，大数据挖掘主要是在模糊的、不完全的、大量的随机设计中将隐含信息提取出来的过程，这个知识有一定的约束与前提条件，需要在一定环境领域下才具有相应实际价值。对大数据挖掘主要数据源来讲，既可以是非结构数据形式又可以是结构化数据形式，结果能够充分使用到信息分析、优化查询、过程管控、支持决策等多个方面。从贸易角度看，大数据挖掘的主要分析对象在商业数据库中，借助分析、转化、抽取等多种技术，对关键信息进行提取与收集，提供商业决策所需的支持。

二、电商市场分析与决策应用大数据挖掘的策略

（一）大数据挖掘在电商市场分析与决策中的主要功能

通常来讲，大数据的主要功能包括关联分析与概念描述、聚类分析与分类预测、演化分析与离群点分析等。

1. 关联分析与概念描述

大数据能够根据挖掘规则，找到具有依赖性的、符合特定条件的关系，这种分析方法通常应用到电商市场购物篮相关问题，对各种商品间的内在关系进行研究，对用户平时购买习惯展开分析，找出用户在购买一种商品时还购买的其他商品，以此来进行电商市场决策的调整。概念描述是一种带有描述性质的数据挖掘，借助数据的分类和特征化进行数据观点的对比、总结。概念描述并非一个数据列表，而是要借助对比、汇总等多种方法进行数据概念的描述。数据特征化指的是对特征概要、目标数据进行一般描述，其输出方式包括线图、条形图、饼图等。除此之外，数据分割指的是总结和剖析目标数据的一般特征。

2. 聚类分析与分类预测

聚类分析并非标记类型的大数据集，其分析不会对类标号进行考虑。通过聚类

分析没有标记类型的数据，能够获得组群数据类型标号。借助最小化类与最大化类的基本相似性原理来进行需求对象的分析，实现对象高相似性的簇聚，并对其他簇的对象进行区分。分类预测主要基于特定技术的运用来进行未知类标号数据的探究，对数据概念模型的区分与描述进行辨别，将数据对象预测类标记进行分类，从而实现对一些未知数据的预测。

3. 演变分析与离群点分析

演变分析可以描述特定对象伴随时间变化而产生的行为趋势与规律，如序列周期模式匹配、类似性数据分析、时间序列分析等。而离群点分析是一种对大数据集的分析，可以找出对象数据的模型异常、一般行为，离群点的分析和聚类分析具有较高的相关性，但是服务目的有所不同，聚类分析注重多数相似的数据集中模式，按照对象要求进行数据的组织归类，不过离群点的分析注重偏离多数模式的异常现象分析。

（二）应用大数据挖掘的具体策略

大数据挖掘应用到销售平台的优化、增值业务的拓展、产品的服务管理、用户的精准定位、客户群体的稳定、广告的准确发布等方面。

1. 销售平台的优化

在电商市场中，设置电商平台与网站的页面极为重要，平台、网站呈现的内容会对用户交易、访问等行为产生直接影响。从这个角度来考虑，将大数据挖掘应用到电商市场中用户浏览、登录的各种电商平台，可以对用户访问习惯有深入的了解，提供给电商市场平台与网站所需的参考内容。电商网站借助用户下单、访问的记录调整电商网站内容与结构，比如把交易量高、点击率多的电商产品放在电商市场平台与网站的首页，在吸引用户注意力的同时激发其点进去的欲望。利用大数据挖掘用户的各种电商市场浏览数据，能够充分结合用户期望值与网页关联性，把用户更期望的导航链接添加于界面中，对电商市场的服务器缓存进行科学的安排，使服务器响应消耗的时间减少，提升用户群体的满意度。

2. 增值业务的拓展

若电商平台得到的用户数据达到一定程度时，能够构建一个完整的用户数据库，对这些电商市场的用户数据展开分析能够使商家为用户针对性地提供相似电商产品，用户感兴趣并购买后就能够提高商家的收入。目前，很多电商市场的平台与网站都在借助大数据挖掘来进行新应用的开发，如淘宝的数据魔方；而一些商家未进行大数据挖掘，导致新业务开发难度大大增加，如消费信贷。若运用大数据挖掘，找到电商市场中潜在的数据价值，就能够对新业务展开更有效的开发，如阿里集团的小额信贷。

3. 产品的服务管理

大数据挖掘能够为商家在电商市场中进行精准决策与营销提供方案，借助对应用户的需求来生成订单，然后通过用户反馈来改进其电商产品。与此同时，运用大数据挖掘来分析用户数据可以让商家对决策与营销进行合理化改动，如调整库存、调整价格等。若商家可以准确地分析电商市场中的用户数据，那么就能根据分析出的用户需求挖掘潜在的商机，比如对用户喜好这种潜在信息进行分析时，能够让商家的电商服务与产品质量大大提升，让商家在电商市场中提升竞争力。

4. 用户的精准定位

借助大数据挖掘，能够对电商市场中各种用户进行精确定位，使电商营销更具针对性。对于电商市场的发展模式来讲，挖掘用户数据即为精确定位与细化电商市场，通过对用户的针对性选取来营销。大数据挖掘会寻找、加工、处理海量用户在交易过程中产生的各种信息，发现用户群体消费习惯与兴趣，从而对用户群体接下来的消费行为展开推断与分析，然后制订针对这些用户的电商营销方案。和原有的营销方法相比，基于用户特点的电商营销可以节约大量成本，让电商营销价值大大提升，将有较高忠诚度的消费者牢牢锁定，从而在电商市场中扩展优质电商消费资源。与此同时，对用户进行大数据分析，商家可以对用户价值高低状况进行区分，根据其价值等级进行电商市场决策，并实施不同电商销售举措，给商家带来更多的经济效益。

5. 客户群体的稳定

在电商市场分析和决策中运用大数据挖掘，能够有效稳定相应客户群。借助大数据挖掘电商用户，能够对用户喜好进行全方位、多角度的分析，从电商平台中将客户关系挖掘出来并保持稳定，在各种数据中重点分析客户资源，把所有用户按照不同习惯、兴趣、交易背景来划分，以预测用户行为的方式全面挖掘潜在消费者，及时维护现有的电商市场客户关系。如果用户具有高价值，可以适当提供一些附加服务，让电商市场的客户源更为稳定。通过大数据挖掘分析、预测用户十分重要。例如，某用户购买了一款高档手表，并对该产品做出了较好的评价，于是会向自己的亲朋好友推荐，无论亲朋好友是否有兴趣，或多或少都会前去浏览该商品，从而让电商市场的客户群体进一步扩大，获得了更多的潜在客户。通过这种客户群管理，商家可以利用大数据挖掘在电商市场中挖掘到更多客户，进一步稳定和提升客户关系。

6. 广告的准确发布

进行大数据挖掘可以通过电商用户的各种数据充分分析用户消费点所在，提供给商家广告宣传方向，把广告投入电商市场中用户消费相对较高的部分，让商家个性化的电商营销得以实现。商家应以用户的数据库为基础，构建一个电商市场概率模型，计算用户交易的概率，然后以广告获取情况对潜在客户、真实客户进行明确。对用户的广告反应进行观察和分析也能给商家广告投放时间提供积极参考。借助这样的概率分析，能够通过大数据挖掘并计算出关键词，商家可以按照关键词优化广告。

总而言之，研究电商市场分析与决策应用大数据挖掘的策略具有十分重要的意义。相关人员应对当前大数据挖掘概况有一个全面的了解，掌握大数据挖掘在电商市场分析与决策中的主要功能，并将大数据挖掘充分应用到销售平台的优化、增值业务的拓展、产品的服务管理、用户的精准定位、客户群体的稳定、广告的准确发布等电商市场分析与决策的不同方面，从而促进电商市场的平稳发展。

第五节　大数据时代人工智能技术辅助检委会决策应用

2018 年 1 月，最高人民检察院印发了《关于深化智慧检务建设的意见》，电子检务工程建设成效写入《数字中国建设发展报告》。电子检务工程和智慧检务建设应用逐步深化，以大数据为背景和方法对人工智能技术辅助检委会决策尚处于起步阶段。本节以深化智慧检务建设为基础，以大数据的建设和人工智能技术应用为重点，通过探索“人工智能＋检委会工作”新模式，加快人工智能技术辅助检委会决策智能化，推进智慧检务建设创新发展。

一、检委会决策智能化建设的重要意义

（一）检委会决策智能化是检委会职能定位的必然需要

1. 检察机关重大事项的决策机构

检委会是检察机关的决策机构，主要任务是就检察工作中的重大案件或其他重大问题进行讨论并决定，其讨论决定事项的范围具有法定性，诉讼法中也有明确规定其决定的事项具有法律效力。为此，人民检察院制定《检察委员会议事和工作规则》，对议题提请、审议、执行和督办都进行了明确的规定，以保障检委会决策的科学性和法定性。

2. 检察机关的业务决策机构

检委会的职能作用主要体现在业务决策、宏观指导和内部监督三个方面，在推进科学决策、实现司法民主、促进司法公正、强化内部监督等方面发挥着重要作用。检委会的活动内容既具有法定性，也具有业务性，以及很强的专业性要求。

3. 在检察长主持下贯彻民主集中制原则的合议机构

《检察委员会议事和工作规则》对检委会委员数量、议事程序、决策规则等进行了详细的规定。因此，检委会是在检察长主持下按照民主集中制原则讨论决定重大业务事项的决策机构，在当前司法改革的新形势下迫切需要以智能化技术辅助检委会科学决策。

（二）检委会决策智能化是大数据和人工智能应用的迫切需要

1. 有助于实现检委会工作数据化

检委会智能化把大数据技术和思维运用于数据输入和决策输出中，有效盘活数据资产，形成检委会工作的"大数据"。通过"大数据"梳理评估，总结检委会的办案经验和规律，既有利于完善和发展检委会工作，强化委员的业务素质，防范自身表决权和裁量权的滥用；又有利于指导员额检察官的办案工作，弥补员额检察官办案水平的短板，实现以信息化推动数据化。

2. 实现网络化运行

检察长及委员、案件承办人、检委会办事机构人员，分别依据各自权限进入系统，进行会前准备、会中审议表决、会后反馈督办等操作，通过网络平台和信息技术将议事规则的"软约束"变成了网络运行的"硬要求"，实现传统会议方式向数字会议方式转变。

3. 有助于实现检委会工作智能化

整合数据汇总、趋势分析、自动排序、智能提取、智能转换等功能，是深化智慧检务建设的必由之路。引进智能语音识别文字转换技术，实现会议审议和检委会记录的高效化；委员可以定制个性化查询方案，分析研判、智能关联，推送参考案例和关联法规，为分析问题症结、评估案件质量、准确决策提供技术支持，使检委会数据升级为"智库"，提升检委会审议工作质效。

（三）检委会决策智能化是检委会子系统上线运行的现实需要

运用信息化手段强化检委会业务管理，将检委会信息系统与业务部门、综合部门信息系统打通，实现数据互联共通，打破部门之间的信息隔阂，建立检委会智能数据库辅助检委会决策。依靠信息辅助分析系统，将检委会及各业务部门之间的动态数据信息进行整理、分析，深度挖掘系统内共享的信息资源，全面跟踪、掌握办案工作情况，准确把握业务工作规律和发展态势，为委员决策提供准确、科学的决策依据。建立委员履职系统，按照检察长、专职委员、委员身份建立委员履职档案，作为业绩考核、案件质量责任追究、干部任免的重要依据。通过网络平台和信息技术，将议事规则的“软约束”变成网络运行的“硬要求”，实现管理科学化、考核透明化。

实现高效化组织。议事系统通过与统一业务系统连接，可以实现与委员的信息互联，方便发送事务性信息。委员通过用户名登入系统即可完成电子签到并参会，可以自主查看议题材料，并通过系统提供的表决窗口对议题进行表决，系统能自行统计并迅速显示表决结果，自动生成完整的会议及各项议题的台账、档案。

实现精细化审议。对于案件类议题，系统自动获取或上传电子卷宗及主要证据材料，便于委员在会前准备、会中讨论随时翻阅，克服了以往信息掌握不全、案卷传阅不便、会中实时查找证据不便的问题。预留相应系统接口，增加智能语音录入系统、智能辅助办案系统、语音阅卷示证系统、类案判例推送系统以及上级院检委会对下级院检委会视频对接，持续推进检委会子系统的升级完善。

二、人工智能技术服务检委会决策的重点内容

（一）运用信息采集智能技术，加强会前审查

采取信息化手段实现上会案卷自动扫描、上会信息网上自动流转等，实现检委会会前、会中、会后程序全程无纸化运行，推进由传统会议方式向数字会议系统转变，全面提升检委会工作信息化水平。会前将案件的汇报材料或者事项的文件草案送达检委会委员以及其他列席检委会会议的人员，便于委员在会前准备、会中讨论随时翻阅案卷，克服了以往信息掌握不全、案卷传阅不便、会中实时查找证据不便等问题，有效节约了办公资源。与此同时，通过信息化手段优化会前实体审查工作，筛查不符合检委会会议条件的案件、事项，并精准概括上会案件的争议点、重点，对案件提出全面、正确的适用法律的咨询意见，有效发挥检委会办公室的参谋作用，提升决策效率。

（二）运用信息交互智能技术，服务会议审议

针对检委会子系统模块设置人性化不足的问题，加强检委会子系统与统一业务应用系统其他子系统（如案管电子卷宗系统、公诉办案系统等）的深度融合，并探索与其他功能性软件配套使用，发挥系统集成优势，大幅度提升人机交互界面智能化

水平。在会议审议环节通过“检务通”、同步录音录像、语音识别系统、多媒体示证等智能化系统软件，实现会前即时通知、会议签到、远程视频会议、检委会会议审议过程进行同步录音录像、语音识别智能记录、会议记录查看修改、会议即时表决、自动归档等，推进检委会会议审议工作规范、高效地开展，大大提升会议效率达到对议事过程进行监督的目的。同时，可运用远程视频会议系统，实现上下级检委会内部会议系统的互联互通。上级院可通过系统对基层院检委会会议进行旁听，实时监督会议进展情况，及时提出旁听意见，实现检委会议事工作的规范化管理，确保检察委员会高效高质决策。

（三）运用信息提醒智能技术，跟踪会后执行

检察委员会的决议决定必须坚决贯彻执行。通过智能化的方式有效服务会后决议执行和委员监督，及时向承办部门发出提醒或预警，要求在指定的工作期限内反馈办理情况，强化办案部门与检委会办事机构间的流程对接，保证案件及时处理、事项落实到位。委员可以通过系统跟踪监督检委会审议结果和决议的落实情况，对检委办工作、会议审议情况进行回顾检查，提升督办效果。发现擅自改变或者故意拖延、拒不执行检察委员会决定的，按照有关规定严肃追究责任，坚决维护检察委员会决策的权威性。

（四）运用信息数据智能技术，强化集体学习

通过“检务通”、检察内网、检委会系统等创新集体学习方式方法，依托在线学习平台强化委员的在线实时学习、互动交流。突出学习重点、丰富学习形式、建立检委会学习资料库，加强对重大检察业务、司法改革重大部署的学习。注重整合全网资源，收集汇总法律法规、司法解释、专家辅导、主题发言、专题研讨等音像视频学习材料，为委员有效履职提供有针对性的个性化服务，依据系统记录强化学习考核，不断提升委员的法律水平和议事议案能力。

（五）运用检委会智能数据库，规范业务管理

有助于实现检委会工作科技化。借助科技手段，实现数据信息共享，改变了以往会前须要复印大量纸质材料、会后又须将材料统一收回销毁的做法，无纸化办公有效节约了办公资源。参会委员在会前可在系统内对讨论案件的电子卷宗和相关文书予以摘抄、批注，为准确、客观、全面地把握案情奠定坚实的基础。

三、人工智能技术服务检委会决策的实现路径

按照“顶层规划、统筹协调、重点突破、分步实施”的发展路线，通过推进一体化网络体系、大数据中心、智慧支撑中心和智慧检务体系建设，打造“一网、两平台、三大系统”的检委会智能决策总体架构，确保检委会决策的准确性、科学性和权威性。

（一）依托检察专网规范运行

检委会系统依托全国检察机关统一业务应用系统，为检委会讨论研究重大疑难案件、审议讨论重要文件及研究审议其他有关检察工作的问题等提供全方位的智能管理。要全员、全面、全程规范使用统一业务应用系统，依托赛威讯浏览器检委会子系统正式版，从检委会委员到检委会办事机构、从议题提请部门到决议执行部门，都要严格遵照统一业务应用系统、检委会业务的使用指引，按时完成各自流程节点操作，确保信息录入、报送审批、文书制作、督查督办、纪要备案等各项工作及时准确地在网上完成。检委会议事系统能实时、准确地记录各位委员的会前准备情况、检委会参会情况、发表意见及表决情况等信息。根据检察长授权，可通过系统统计委员一段时期的履职情况，以柱形图的形式进行直观展示。检委会子系统内数据具有不可更改性，检察专网上全程留痕，可以严格规范会议程序，倒逼基层院规范检委会流程。

（二）搭建智能辅助决策平台

检察大数据决策支持平台。检委会工作通过“数字化”“网络化”和“信息化”，必然向“智慧化”阶段迈进。当前要夯实电子检务工程，筑牢“智慧检委会”根基，进一步打通数据壁垒，构建全业务数据库，通过大数据分析和可视化展现技术，形成检察机关“人、事、财、物、策”全景态势，通过自然语言处理、机器学习等技术，挖掘数据规律，实现针对不同热点、不同业务主题的数据分析成果的可视化呈现，为辅助检委会决策提供技术支持。坚持以检察大数据为战略资源的设计理念，构建电子检务综合资源库规范，构建以主体信息、身份信息、行为轨迹信息、涉案资产类信息、重点工程类信息为基础的综合信息资源库，形成规范统一的可共享资源。建立一套可共享、可分析的大数据平台支撑软件，涵盖电子检务相关信息数据的采集、传输、储存、研判、搜索、反馈，以满足检察机关高效、快速、高质量的业务协同和信息共享为需求，对数据进行转换、汇集、规整及质量监控，最终通过综合查询展现、数据统计分析、数据挖掘支持决策等应用形式加以利用，依托检察大数据的业务协同和数据共享以及分析决策提升检委会工作效率和决策能力。目前广东省已将全省政法大数据分析应用系统移植到省政法网平台供全省政法单位使用，建立了大数据资源管理平台，汇集检

察机关内部及其他政法单位信息数据，为开展检察大数据深入分析奠定了基础。当前要在全面完成电子检务工程“六大平台”建设任务的基础上，坚持以智慧检务建设为抓手，大力推动大数据分析和共享协同应用，积极探索检察大数据辅助检委会决策工作。

检察决策专家智能咨询平台。探索建立检察委员会决策辅助机制，进一步提高检察委员会决策的质量和效率。可以考虑以现有检察业务专家、检察业务骨干队伍为主，适当吸收部分专家学者参加，成立以若干专业研究小组为载体、非常设性的检察委员会为决策辅助机构。在检察委员会专职委员的组织下，对政策性、专业性较强的议题或者意见分歧、复杂疑难的案件，进行法律政策和司法实务研讨，参与检委会研究案件讨论，发表参考性意见。还可以运用预留端口，通过远程视频会议形式，邀请法学专家和检察业务专家参加讨论发表意见，切实提高检察委员会决策的科学性、针对性和实效性。

（三）完善三大智能辅助系统

智能语音辅助系统。智能语音技术是一项运用新思维、新理念和新方法助力实现“智慧检务”的重要科技手段。检委会主要通过录播系统实时记录会议过程，目前会议纪要的记录主要以人工记录为主，已经在实践中积累了大量的音视频、文档数据等档案资料。传统的基于人工、键盘交互的方式，会议纪要整理时间长、会议中心思想因记录人员的理解可能出现偏差、会议录音及关键点难以查找等问题，其较低的工作效率已经难以满足当前信息化时代背景下的工作要求，无法对大量音视频文件内容进行深度应用。拓展检委会会中程序预留的语音录入端口功能，安装运用“讯飞”智能语音识别软件，减轻了检力资源在事务性工作中的投入，提高了工作质量和效率。智能语音技术可以对音视频、文档等非结构化数据的检索以及内容进行深度分析，进一步提高数据的利用价值，提升检察办公办案的智慧化。

智能辅助办案系统。检委会智能化建设应当摆脱多头开发的粗放式发展阶段，充分发挥办案业务部门、法律政策研究部门、信息技术部门的各自优势，组织跨部门、跨层级的科技团队，形成有效合力，共同研发“微程序”，开展“微创新”，主力“微改革”，整合信息资源。依托大数据、机器学习等现代科技优势，帮助检委会委员快速准确地获取所需要的知识和信息，加强对检察业务的深度理解和准确把握。根据案件名称智能判断案件所涉及的罪名，并按照最新的法律法规、司法解释、会议纪要等自动关联显示，实现法律条文智能匹配。以 OCR 识别技术为支撑，对案件简单信息自动识别，对犯罪嫌疑人供述、主要证据、鉴定结论等电子卷宗内容快速检索，帮助检委会委员快速定位卷宗内容,实现电子卷宗智能分析。在检委会研究案件过程中,根据涉嫌罪名用关键词匹配方式,通过类案检索和法律法规智能推荐等途径,准确地帮助委员找到相关案例并附适用法律条文,实现案例库自动关联。

智慧知识库系统。智慧知识库是面向检委会委员的一个生态型数据库,包括法律知识数据库、综合知识数据库和法律文书数据库。法律知识数据库包含所有的法律法规、司法解释、会议纪要等法条类数据,也包括检察机关案例库,能够与检委会讨论案件实现自动关联,提高检委会议事议案效率;综合知识库包括检察机关业务工作流程与方法、案件办理程序性规则、办案所需要的知识体系以及其他抽象方法论集合;文书数据库包含检委会常规的文书、报告、汇报的格式、提纲、模板等内容。当前要打造"检委会大数据"工程,加强对检委会动态工作数据的分析和掌握,上下级检委会之间要搭建"数据桥"和"数据链",改变以往层层汇总数字的"单线联系"套路,实时共享共联委员信息、议题信息、学习信息等信息资源,并从中筛选、提取、分析有效业务数据。智慧知识库能够实现人机共同演进,随着检委会工作水平的不断提升,智慧知识库将会变得更加人性化、智能化,帮助检委会委员更好地解决实际工作问题,实现检委会科学决策、准确决策和智能决策。

第六节　大数据预测与决策在高校就业工作中的应用

进入21世纪,随着计算机、互联网技术、云计算、移动终端、数据储存方式的高速发展,大数据时代已经来临。大数据改变了人们的思维、生活习惯,帮助人类创造更大的价值。与此同时,大数据时代给高校毕业生就业工作也带来了新的变革。本节通过分析大数据应用在高校就业工作中的重要意义,探讨大数据在就业工作中的应用模式,从而为高校毕业生提供更加个性化、精准化的就业指导服务。

在大数据时代,高等教育面临着一次重大的时代转型,关乎毕业生本人发展前途、国计民生和社会和谐,高校毕业生的就业工作更是首当其冲。如何充分挖掘和利用大数据,加强预测和提升就业工作服务水平与质量,是当前值得探讨的课题。

一、大数据应用在高校就业工作中的重要意义

随着高等教育大众化、普及化,高校毕业生人数逐年增加。高校毕业生人数日益增多,使更加严峻的就业形势引起了社会各界的广泛关注,同时也给高校的就业工作带来了巨大的压力和挑战。借助于大数据的处理和分析功能,可建立多层次、多功

能的就业信息服务体系，加强就业信息统计、分析和发布，提供个性化就业指导和政策咨询服务，提升就业工作效率与服务质量。

（一）预测就业形势，为毕业生提供精准化的培养和就业指导服务

大数据的核心是预测。通过采集全体数据，筛选出有用信息，并对其进行整合、关联分析，挖掘数据的潜在价值，把握就业新方向，从而做到预测就业形势变化、行业走向和人职匹配情况，为毕业生提供精准的就业服务。获取全体数据之后进行及时准确的分析和整合，精准发现就业服务的着力点，并提出精准预测，这是目前就业工作面临的最大挑战。在就业相关数据快速增长的形势下，数据分析的时效性也是就业工作的重点，事前的精准预测比事后统计描述更加重要。前瞻性的工作能更加有效地提升毕业生就业的质量，同时高质量的就业数据也将为招生、教学工作提供反馈与支撑。

（二）促进就业工作质量的提升

通过掌握毕业生求职、就业过程的实时信息，及时发现问题、分析需求，并提供精准的就业指导；通过对招聘企业面试、录用过程的跟踪调查，挖掘数据潜在信息，找到用人单位的录用规律，清楚就业动向。对全体相关数据进行及时收集、整合和关联分析，有效推动高校就业工作的开展，提升就业服务的个性化与精准化，强化就业工作作为高校优化人才培养方案、调整专业布局、优化招生的重要参考依据，从而更好地实现大数据服务社会的功能。

二、基于大数据的高校就业工作模式

运用大数据分析技术挖掘就业群体数据的潜在价值，提升高校毕业生精准就业服务工作的水平，这也是大数据背景下高等学校精准就业服务工作新的重点。大数据在高校就业工作中的应用，主要是针对相关群体或对象的全体数据集合，包括应用识别、收集、存储、分析、挖掘等相关技术，实现对大数据这一“未来的新石油”的提纯与精简，并依托可视化技术，形成从数据整合、分析、挖掘到展示的完整闭环，帮助高校就业工作人员更好地通过数据发现问题、解决问题、预测问题。

结合实际工作，大数据背景下的高校就业信息应建立以下三个数据库：毕业生基本信息数据库、就业市场信息数据库、离校毕业生跟踪服务数据库。这三个数据库提供的全体数据，共同保障就业工作数据的收集、识别与存储。在这三个数据库的基础上，建立信息分析系统、就业平台系统和信息联动系统，从而实现数据的分析与使用，达到精准预测就业趋势、准确提供个性化就业服务、优化高校人才培养模式的

目的。

（一）数据的收集

对毕业生数据的收集，高校就业指导部门应主动汇总学籍信息、学生的图书借阅记录、社会实践活动、实习应聘情况、师生评价、消费情况、学生的兴趣爱好、就业意向和能力发展情况。

对用人单位数据的收集，主要包括用人单位官方网站，工商、税务部门登记的公司规模，社保管理机构的薪资数据、岗位变动情况、职级变动等人力资源数据，毕业生签订的就业协议书，毕业生学生的评价以及社会评价。

在所要收集的数据中，既有结构化数据，也有非结构化数据。为便于对接信息分析系统，结构化数据要通过打通学生学籍系统等学生管理系统，实现数据的自动更新与提取，非结构化数据（如评价、网络行为、消费情况等以图片、数据流存储的数据）则由系统从指定来源（如官方网站、网络社区、微信、搜索引擎等）自动收集所需数据。

（二）数据的分析与使用

通过全面整合、分析宏观经济状况、用人单位招聘岗位需求，信息分析系统可以对就业形势做出初步判断；通过对比历史同期数据，分析就业岗位的增减情况、平均起薪，系统能够预测就业市场的新变化、不同行业的发展前景。

信息联动系统能通过分析用人单位的招聘简章，调查用人单位对毕业生的评价，通过对比分析往届高质量就业学生的特点、就业困难学生的特点，比较在校学生的相关属性，及时优化人才培养方案，有意识地纠正存在的问题。

此外，系统还可以根据毕业生投递简历的数量、简历中标率、应聘岗位的专业对口情况和消费规律等数据，筛选出可能存在的就业困难毕业生，分析其求职过程中存在的问题，预测其求职行为。就业工作人员可以依据系统提供的数据，找到真正的就业困难毕业生，引导其正确认识个人能力与心仪岗位需求的差距，及时且有针对性地采取心理辅导、求职指导以及经济补贴等帮扶措施。对于想创业的同学，则可以通过系统数据为其提供可行性分析，预测目标行业的发展前景。

三、大数据应用于高校就业工作应注意的问题

借助大数据相关技术，对于数据的使用及相关工作，高校将能很好地实现从人工整理、分析向自动挖掘、智能检测、精准预测的转变，从而实现高校就业工作的全面升级转型，真正实现全程化、精准化和个性化的就业服务。但在应用过程中，还有一

些亟待解决的问题。

（一）隐私信息的保护

就业相关数据库中存储着大量的毕业生个人信息、用人单位的敏感数据。高校一方面要制定信息管理的相关制度、做好信息系统及数据库的安全防范措施；另一方面，要对接触到大量隐私信息的就业相关人员进行保密工作教育，提高其有效保护和识别隐私信息和敏感数据的意识。在公开发布信息时，原则上只公布汇总分析后的结果，不对外提供任何形式的原始资料。

（二）数据缺少交互，无法共享，制约了大数据在就业工作中的应用

目前，高校所能接触并使用的数据是远远不能满足就业工作大数据分析的需求的。政府机构和社会组织在管理过程中，存储了大量与就业相关的数据资源，这些数据更有说服力，样本群体覆盖面较广，能较准确地预测就业行业的发展前景，但由于数据缺少交互、无法共享，无法对就业工作提供借鉴。因此，高校应积极向教育行政部门提出共享数据的方案，争取早日与相关部门实现数据对接，实现社会大数据融合，实现信息互通共享，进一步提升就业工作服务水平与高等学校社会服务水平。

高校毕业生就业工作不仅关系着毕业生个人发展前途，还关系着社会的和谐稳定。自高校扩招以来，高校毕业生人数与年俱增，近几年来持续出现“就业难”现象；另外，在就业市场中，用人单位常常反映难以聘请到适合的人才，出现“招工难”的现象。“就业难”和“招工难”并存的现象，充分反映了高校毕业生就业乃至整个中国就业工作的症结不在于有效需求不足，而在于就业结构不合理。将大数据相关技术应用于高校就业工作，能够更好地分析人才市场供需不匹配的现象，进而引导毕业生调整就业心态，促进高校人才培养模式的改革，提升高校就业工作的质量与效率。高校就业工作人员应持续丰富所需数据的来源，提高数据资源的整合和分析能力，不断挖掘数据之间的关系，更加精准地预测就业市场的变化和学生就业趋势，保障就业指导工作的针对性、实效性和科学性。

第七节　大数据在基础教育管理与决策中的应用

进入大数据时代，基础教育管理和运行迎来了更多的发展机遇，基于大数据的预测、分析将逐步融入基础教育管理和决策中。大数据技术和思维将影响基础教育管理与决策的各个环节，影响基础教育发展规划，改变基础教育教学评价体系，甚至在

基础教育教学思维中产生深远的影响。基础教育管理工作者应主动研究和思考，以积极的态度迎接大数据时代的来临。

近年来，全球知名的麦肯锡咨询公司提出“大数据”（big data）的概念后，大数据已成为描述信息时代技术发展与创新的标志，基于大数据的管理与决策已经渗透到许多行业领域，成为创新驱动的重要因素；基于大数据的运用和挖掘，人们可以超越传统经验管理和决策方式，可预期更高效率的管理和决策得以实现。大数据作为一项颠覆性的技术革命在电子商务、军事、金融等学科领域已经取得突破，而在基础教育中的管理与决策领域的应用才刚刚起步。如何挖掘和应用数据资产为基础教育的管理和决策提供高质量的服务，成为教育主管部门和中小学校需要深入研究的重大课题。

一、管理与决策进入大数据时代

当前，人们越来越多地意识到大数据在管理和决策中的重要性，管理和决策将更多地依靠大数据而做出分析和判断，而并非习惯基于经验积累和直觉判断。美国哈佛大学社会学教授加里·金说：“这是一场革命，庞大的数据资源使得各个领域开始了量化进程，无论学术界、商界还是政府，所有领域都将开始这种进程。”从基础教育的角度来看，均衡教育资源、制订中小学招生计划与政策、教学运行管理、管理思维方式、家长互动、学生学习行为引导、教学评估等都有大数据施展的空间。大数据可以为基础教育提供准确的预测性判断，形成有效公共教育资源供给决策与评价，同时也满足部分特殊群体的个性化教育需求，提供符合教师特质的教育教学水平培训与辅导。

引入大数据进行管理与决策，必须有足以支撑进行数据分析的数据来源。涉及基础教育管理与决策的数据除了来自政府机构、教育主管部门、学校、社区、媒体以及其他社会组织等产生和公布的信息外，更多地依赖于各种网络终端等所产生的数据。目前，中国互联网呈现发展主题从“数量”向“质量”转换、互联网与传统经济社会结合、影响力度更加紧密深远等特点。无论网民通过什么终端参与网络活动，都会产生相应数据，这些数据为预测、判断目标人群的行为、心理提供了支撑。比如大型赛事组委会就可以通过大数据模拟和预测各场比赛的人流、交通、治安变化，制订各种工作方案。热播美剧《纸牌屋》的内容发行商基于其3000万北美用户观看视频时留下的行为数据，预测出David Fincher、Kevin Spacey和“BBC出品”三种元素结合的电视剧将会深受欢迎，由此决策拍摄《纸牌屋》。因此，基于大数据的管理和决策更能迎合公众的需求，“大数据”在分析方法和决策过程上突破了人们习惯的思维方式，基于公众需求的政策和服务是现代技术条件下的“私人订制”创新产品，基础教育的管理和决策推出“私人订制”模式必然受到社会各界包括中小学校教育工作者的欢迎，也是基础教育事业的颠覆性变革。

二、大数据对基础教育产生巨大影响

从百度“迁徙图”就能看到大数据已经在电子商务、金融、交通等社会方方面面产生深刻的影响。作为社会子系统的重要构成元素，基础教育必将受到大数据时代的深刻影响。

（一）大数据的特征必将影响基础教育的管理和决策

教师、学生和家长手机使用、学籍登记、成绩、图书借阅、各类即时聊天工具、论坛以及微信、微博都会产生大量数据，而且随着时间的推移会积累更多数据，这些构成了基础教育信息管理与决策系统中的数据基础之一。大数据的数据来源特征是数据量大和类型繁多，极大地超越了传统的基础教育决策所依赖的数据性质，避免决策因为数据不全面而导致的“小信息量”决策错误和偏差。大数据的数据具有信息纯度高的特征，海量信息通过强大的云计算更迅速地完成有价值数据的提取，避免人为因素误导数据的统计和分析。另外，大数据处理速度快、时效性极高，传统数据挖掘处理无法胜任的工作，大数据可以利用优化的技术架构和路线实现高效的海量信息处理。采集到的数据进行直观有效的数据库管理，通过数据采取筛选对数据库的信息资源进行编辑加工、统计分析、信息监控、定制、备份等操作。所有信息可以转换成特定的数据库、图像、文本格式等归档存储，通过不断沉淀将采集到的数据作为历史资料、背景资料随时备用。大数据具有的这些特征使得现代基础教育管理与决策有了过去无法比拟的技术支撑，也拓展了全新的基础教育发展的空间与潜力。

（二）大数据对基础教育管理核心环节的支撑

我国基础教育政策的产生与执行更多的是由上而下进行推动，这种模式使基础教育政策具有严肃性和刚性，在特定阶段对推动基础教育发展发挥了巨大的作用。而随着社会经济的快速发展，基础教育资源已不能完全满足全社会的期望，在这种情况下，矛盾自然产生了。基础教育管理各个核心环节，常常需要精准的数据描述过去、现状和未来。比如，合肥市进行中小学学区调整，这需要人口数量、师生比、人口结构、适龄儿童、交通状况、城市规划等大量的数据作为支撑，传统的数据来源较为单一和静态，而学区的调整更多地需要满足现有需求并保证在相当长的时间范围内保持稳定，传统的数据无法完成这样前瞻和复杂的任务，经验型的管理和决策也无法适应快速发展的社会需求。一个学区对应的学校容量看似刚好满足需求，很难说不是因为区域内的人口年龄结构的特殊性，使得在两三年后形成入学高峰。大数据可以对复杂情况进行梳理和预判，大数据具有预测的优势，海量数据的基础上的云计算可以有效预测未来某些事情发生的趋势和可能性。随着数据积累越来越多，预测模型优化和系统改进，常规难以准确把握的中小学招生生源情况、师资培训需求、跨区域教育资源调配可以实现提前判断。

国外基础教育管理中，相关教育数据的挖掘已经成为合理规划教育资源、提高教学质量的有效手段。美国的学校通过技术公司提供的数据，分析学生的升学意愿和专业取向，给学生提供个性化的辅导。通过对海量教育数据的挖掘、分析，寻找最优化的基础教育政策解决方案，最大化平衡社会各方利益诉求，可实现政策酝酿到决策、执行的优化路径。我国基础教育在社会快速发展的过程中，必然面临诸多问题，比如说优质学校的招生计划和学区划分、城乡学校教育资源均等化等问题，通过大数据的管理和分析，全社会关注度极高的基础教育政策的制定、教学运行中的诸环节控制，甚至学生作业量的信息都可以掌握，改变了基础教育管理辛苦而社会满意度低、效率低下的局面。

（三）教与学的创新

有了大数据做支撑，过去教与学过程中很多难以破解的问题将有解决方案，教学理念与学习方法将随之产生变化。比如，标准化、产业化的教学模式影响深远，这种教学模式在现阶段有其合理性，比如基础教育强调在知识一定的逻辑起点，按照统一的教学大纲和要求，实施均质化教学，同步发展，而忽略学生的学习能力和状态。我国基础教育虽然提倡个性化教学和因材施教，但在传统的班级教学模式下要实现个性化教学存在现实的困难。大数据的运用使教师在衡量学生学习效果时，不再单纯依靠频繁的考试进行，而在更广阔的空间和角度审视学生群体和个体的信息，选择最合适的学生群体教学方法和个体提高辅助教学，学生自主学习的盲目性也会因此大大减少。通过大数据相关的学习应用软件，可以分析学生目前掌握了哪些知识点、进行某门课程的学习最合适的学习方法是什么。学生的学习行为可以得到实时衡量和调整，如果某个知识点没有掌握，系统重复强化。大数据应用学习还可以为学生主动推荐学习资源，在知识点之间建立逻辑联系，总结出启发式规律，设计合理的学习计划，教与学实时互动，帮助学生拓展和完善知识面与知识结构，激发和挖掘学生兴趣爱好和天赋，有利于培养学生特长，激发学生的创造力。

从中小学教学管理的角度，大数据也可以发挥作用。比如过去的教学评价中，给出的教师教学指导意见是相对模糊的定性结论，而有了大数据的支撑，通过分析学生在上课时的状态，判断学生听课过程中被哪些内容吸引、对哪些内容不感兴趣，教师依此进行教学内容和教学方法调整。传统的教师教学评价虽然在内容上力求全面描述教师教学因素，但是在实际执行中，很难对教师师德等柔性因素进行衡量，而大数据技术的应用就可以发现异常信息，学校管理层可以进行甄别核实，对确有问题隐患的教师进行提醒和警示，对已经发生问题的教师及时采取措施。传统的教学评价的参与者是学生、同行教师、教学督导、学校领导，看似完整的评价链条可能因为参与者的心理因素而导致结果失真。大数据技术的信息来自学生、教师、家长等更宽泛的人群，结果更真实可信。另外，教学测评不再是每学期固定时间进行的固定工作，可以在教学过程中进行全时段评价，实现了教学效果动态监测。

在基础教育管理中，对中小学的各种检查评估是常规工作，这些检查涉及教学评估、校园安全、精神文明、食品安全等，每项工作都需要组成检查评估组，各被检查单位都要耗费大量的时间精力进行准备，而限于时间和人手的原因，检查常常是走马观花，检查的效果不理想。各项检查评估的目的是发现问题、督促工作、提高效率，常规的检查已经形成实际效果不佳、被检查单位意见很大、难以达到检查评估初衷的两难局面。在基础教育管理领域检查评估中引入大数据，不仅能减少检查评估的工作量、减少中小学校迎检压力，更能提高检查评估的科学性，变突击检查为长效监督检查机制，从而真正实现科学管理和监督。

（四）校园安全和舆情管理

在学生的管理中，教师最头痛的是学生不把自己的真实想法、心理状态、遇到的问题和教师沟通，教师只能凭借细致的观察和经验判断来洞察学生的细微变化，比如学生是否存在早恋、是否迷恋网络游戏或疯狂追星。极端的情况常常掩盖在看似平静的状态中，很多教师感慨“现在的学生太难管了”。大数据技术可以针对学生群体和个体进行长期行为和心理状态分析，教师在原来不可能的角度观察学生群体和个体的行为变化，可以通过大量数据的分析归纳，找出学生活动的规律，借此判断学生的情绪状态和心理状态，发现异常信息及时干预，避免事故发生。

现在涉及基础教育的网络舆情和校园安全事件，大多都是事后应对，难以做到提前预测、提前防范，以至于被动应对。大数据在网络舆情和校园安全综合解决方案面向舆情监测、校园安全信息、学校声誉管理、媒体信息收集等应用领域均有不俗表现。采用大数据技术后，散布在微博、微信、QQ 群等各处的信息都进行集成和分析，发现异常信息的传播路径与渠道，识别出关键路径和关键节点，分析正负面信息、关注程度和人员、传播速度等，发现异常信息就实行跟踪、筛选、评估，及时将信息传递到各管理部门和学校，实现预警、处置快速跟进，实现信息的分类管理和有效管理，消除基础教育中存在的各种不稳定因素。

（五）大数据时代的基础教育管理思维方式

维克多·尔耶·施恩伯格在《大数据时代思维大变革》中指出，大数据时代对人类社会产生了深远的影响，人们放弃对因果关系的渴求，取而代之的是相关关系。只需知道结果，而不需要知道原因。大数据将颠覆人们已形成的思维方式，对基础教育更提出了全新的挑战。大数据能够让基础教育管理与决策更好地了解社会、学校、教师、学生各方需求，在政策制定和执行时有了提供个性化的管理与服务的基础，给基础教育带来了实质性变革。数据能告诉从事基础教育工作的管理层，每一个社区、学校、教师、学生的倾向，他们想要什么样的教育资源，喜欢什么教学方式，每个人的需求又有哪些区别和联系，如何进行分类管理和引导，如何实现教育政策制定从个体优化到群体优化。

基础教育运行需要大量的物资和外部服务，有些按照规定进行政府采购，有些各学校自行采购。由于各方面因素，物资的规格、质量、到货时间、价格很难令人满意，而且耗费大量的时间和精力，大数据集成全球各大网站上商品和服务信息数据，然后从便捷性、实用性、适用性诸多因素比对出多种备选方案，节省了时间，提高了效率，降低了采购成本，同时也防止了腐败现象的产生。大数据还可以检测各中小学物资库存、教师工作量、教学设备和场地等资源信息，编排资源调配清单，为管理者提供校际资源调配决策意见。例如，安徽省教育厅开发了农村义务教育薄弱学校改造项目学校“畅言交互式多媒体教学系统”，该系统对提升安徽省农村地区义务教育学校教育教学质量发挥了积极作用。大数据的思维方式帮助基础教育管理部门为社会提供更好更有效的教育服务，必然获得社会各阶层的认可。

学校教育是当前基础教育的绝对模式，政府、社会各个层面在审视基础教育时，都从适龄入学率、学区划分、升学率等传统指标考察基础教育的发展，从来没有考虑过青少年可以不需要进入校园，跨时空与教师进行交流和学习。但是大数据时代可能在一定程度上动摇人们已经固化的概念，传统基础教育教学模式可能会悄然改变。尤其是自从新冠病毒疫情爆发以来，社会经济教育等方面发生了巨大的改变，在线学习成为了中国大学生学习的主要方式之一。在线学习依托于互联网，其不同于传统的现场教学，给传统基础教育教学带来了新思维。

三、大数据与基础教育管理的思考

对于大数据时代的悄然来临，基础教育应该未雨绸缪，为今后基础教育的发展做好基础性工作，以确保能适应大数据带来的变化，但其中存在很多现实问题需要面对。

（一）大数据涉及隐私权保护问题

大数据技术并非没有争议，其中涉及公民隐私权保护的法律许可和技术政策。数据挖掘、云计算、大数据技术的发展无不涉及隐私权保护的问题，比如手机位置信息、网页浏览数据、用户名与密码等，甚至大型 IT 公司和网站都曾发生过泄露个人隐私或数据丢失事件。当前我国相关隐私权保护、隐私数据管理、存储与应用的法律规定尚不完善，一定程度上存在混乱的局面。如果在基础教育管理中大量应用大数据技术，极有可能涉及教师、学生的手机通信、网络账户、音视频资料中大量和隐私有关的信息，而教师和学生反感被监视，反对隐私被挖掘，因此，对大数据管理中的相关问题需审慎对待，需要在法律和政策允许的框架下合理使用个人隐私。

（二）大数据在基础教育管理中的局限

从云计算到现今的大数据概念出现，越来越多的行业和学者关注和研究其对社会经济产生的影响。毋庸置疑，大数据开启了重大的时代转型和革新。有了大数据并非表明所有的问题都可以解决。首先是大数据人才的问题，当前，无论是省、市、县各级的教育主管部门，还是中小学校都没有建立大数据运行机构，没有适当的部门和人员能胜任大数据应用到管理和决策领域。现有的数据来源无论是质还是量都不高，数据系统建设尚未完善，对数据分析、判断、运用能力都难以支撑精确决策。没有高质量的数据来源和数据分析，难以在短时间内实现基础教育管理与决策的科学性。

任何技术都有一定的适用范围和局限性，大数据也如此。大数据并非是中小学教学中的万能神器，教师的专业知识是教师展开正常教学、保证教学品质的基础，没有这些作为保障，大数据的应用就是空中楼阁。由于我国社会发展的不平衡，虽然近年来大力推动教育资源均等化，但城乡基础教育的差距客观存在，大数据可能在条件较差的乡镇学校的数据较少，难以形成支撑决策的基础信息。

（三）技术储备与外部协作

运用大数据进行基础教育管理需要引入跨专业的人才，从而使基础教育管理与决策更为完善，使研究方法更为广泛。现有的基础教育工作者也要注重自身的培养，与时俱进，多学习一些其他领域的知识，使自身的研究领域得到更好的完善。

大数据是大多数基础教育管理者和中小学教育教学工作者所不熟悉的领域，今后需要加大人才培养和技术培训的力度，提升基础教育管理需要的整合数据、探索数据蕴含的价值和制定精确型决策的能力。基础教育教学运行中涉及各种信息，学生校内外活动信息，教师与学生、教师与管理层交互信息，城市、学区人口变化等信息，其信息量和信息处理能力远远超过现有中小学校和基层教育主管部门的技术基础和设备承载能力。现在教育主管部门大力推广中小学校信息化，这些与大数据技术的应用存在极大的差距。面对诸如 Hadoop、MapReduce、NoSQL 等技术，相关人员难以很好地掌握运用，先行利用外部资源，开展技术合作是当前应对大数据发展的捷径。大数据需要投入服务器和存储设施建设，但为此在每个中小学或县市区教育主管部门都进行相似的设备采购就有可能造成浪费，大数据更多的是基于市一级中心系统建设，以组建市一级大数据处理中心设施为重点，避免一些不必要的设备重复采购。

（四）基础教育管理模式和决策程序的调整

大数据进入基础教育管理和决策领域后，基础教育管理的模式和决策程序必然进行调整。传统的基础教育管理模式：教育部→省教育厅→市教育局→县区教育局→中小学校，决策程序中就算是基础信息来自基层，但决策中管理部门与基层的互动较少，一旦决策，基层和学校只能执行。而大数据技术条件下的管理，管理的层级趋于扁平化，比如市教育局可能在不需要区县教育局参与的情况下直接掌握中小学校的信息，并在这些信息基础上进行管理。由于信息传递的层级减少、效率提高，决策中就有时间与基层开展较多轮次的互动，这使得传统的管理模式和决策程序随之变化。

随着信息技术的飞速发展，大数据对社会经济产生的影响将超越技术层面，它为决策行为提供了一种全新的方法，包括基础教育管理与决策方式，而不是像过去更多凭借经验和直觉做出判断。大数据是推动基础教育发展和创新的源泉，充实基础教育管理的工作者需要进一步学习、探索相关技术和应用，才能有针对性地对大数据进行挖掘与分析，让大数据为管理与决策服务。

第八节　大数据在社会舆情监测与决策制定中的应用

正如科学家维克托好·迈尔·舍恩伯格所说："世界的本质是数据，大数据将开启一次重大的时代转型。"大数据使社会舆情治理形态和监测方式发生了重大改变，开启了社会舆情治理的新时代。在大数据技术支撑下，社会舆情的监测分析、预警决策、应急处置和导控从分析过去发生了什么和为什么会发生，到掌握现在正在发生什么，再到预测将来会发生什么，使进行自动化决策输出成为可能。实时的社会舆情事件信息、各种监测平台收集的舆情信息、舆情监测分析报告、舆情导控措施、舆情决策、传感器信息等，都以数据的形式存在并发挥作用。这些瞬息万变、纷繁复杂的海量信息，构成了最基本的社会舆情及其监测分析、预警决策、应急处置、导控和治理生态。拥有了对社会舆情海量数据占有、控制、分析、处理的主导权，就拥有了社会舆情"数据主权"；拥有了社会舆情"数据主权"，并将大数据优势转化为预警决策优势，继而转化为应急处置和导控优势，就实现了社会舆情监测、预警决策的科学化，就拥有了应急处置和导控的主动权，大数据的应用实现了社会舆情更深入的分析和更精准的预测。因此，通过大数据这种创新方式来分析过去、把握现在、预测未来，有利于提高社会舆情治理决策能力，有利于运用大数据及其技术进行社会舆情监测分析、预警和营造健康的社会舆情环境，有利于探索以大数据为基础的提高社会舆情治理决策能力和营造社会舆情环境的方案。

一、大数据与社会舆情治理研究的缘起：社会需求与研究局限

大数据的来源主要是互联网交易、移动终端、各种网络设备和传感器、社交媒体等，因其数据体积大（Volume）、更新处理速度快（Velocity）、数据样式多样（Variety）、真实性（Veracity）、价值性（Value）等特征而被广泛应用于企业管理、政府管理、商业、医疗、教育等领域。大数据技术及相应的基础研究已经成为学术界的研究热点，大数据科学作为一个横跨信息科学、社会科学、网络科学、系统科学、心理学、经济学等诸多领域的新兴交叉学科方向正在逐步形成；大数据隐含着巨大的社会、经济、科研价值，已引起了各行各业的高度重视，引起了各国政府的高度重视，并已成为重要的战略布局方向。大数据已经成为当前社会最热门的话题之一，也是学术界一个新兴的研究主题和研究领域。

随着互联网和新媒体的迅速发展，大数据带来的信息革新为社会舆情的生成、发

展、演化创造了条件，为党委、政府对社会舆情研判、监测、预警、应对处置、决策带来了巨大的挑战，社会舆情诱发了大量的社会舆情事件，严重危害了社会秩序，有损党委、政府的形象；同时，大数据也为党委、政府进行社会舆情监测分析、预警决策和导控带来了技术优势，为大数据在社会舆情治理领域的应用提供了广泛需求。因此，对于社会舆情治理而言，大数据环境如同一把双刃剑：一方面加速了社会舆情的生成、发展和演化，加速了社会舆情的传播和社会舆情事件的生成，数据的流动性和可获取性加大了社会舆情监控和处置的难度；另一方面，大数据技术及其应用的不断成熟为采用数据分析方法进行社会舆情监测分析、预警和导控等科学决策提供了有力的技术支撑。

已有关于大数据与社会舆情治理的研究，与大数据环境下推进社会舆情治理体系和治理能力现代化的要求相比还存在较大的局限性，主要表现为以下几个方面：

第一，已有关于大数据的研究，主要从大数据作为一种时代背景来介绍和认识，从世界的本质是数据的角度将大数据理解为信息的广泛、多元、庞大、海量，从技术及其应用的层面将大数据当作一种新技术，强调了对大数据技术及其应用研究，强调了大数据技术及其应用对人类价值体系、知识体系、生活方式、管理方式和社会治理方式的影响研究。这些研究，在相当程度上起到了引导人们认识大数据及其本质的作用，向人们展示了大数据时代的特征、大数据的力量、大数据的广泛应用；也为大数据环境下社会舆情治理、决策研究奠定了雄厚的基础，为采取数据分析方法促进社会舆情治理科学决策提供了支持。

因此，以往对于大数据的研究，主要是围绕大数据的背景、概念、特征、重要性、数据挖掘技术、数据分析技术等内容进行研究，充分体现了技术导向的研究特点，导致人们往往把它与IT联系在一起；以往对于大数据的应用尚未触及或较少涉猎社会舆情治理决策领域的应用。这就需要我们在充分吸收前人研究成果的基础上，拓展大数据研究和应用的领域，将大数据与社会舆情监测分析、社会舆情预警和导控、社会舆情治理的决策方案结合起来，通过获取海量的社会舆情数据，通过社会舆情数据分析来监测、预警和导控社会舆情，从而达到提升社会舆情治理能力、引导社会主流价值观和社会舆论的目的。而这种研究，就不仅限于对大数据本身进行研究，也不是纯粹的社会舆情传播路径和传播规律的研究，而是要充分运用大数据技术和海量的社会舆情信息，根据社会舆情生成、发展、演化和衰退的内在机理来研究社会舆情信息的获取与识别、监测、分析与预警、导控等治理决策方案，是在以往大数据研究的基础上进一步深化和拓展大数据技术在社会舆情治理决策领域的应用；这种研究也不是一个纯粹的技术方案，而是大数据技术与社会舆情治理二者的有机结合，解决的是社会舆情监测、预警、导控和营造健康的社会舆情环境等决策问题。这种研究强调将大数据、社会舆情及其治理决策三者关联起来并形成一个有机整体。

第二，已有关于社会舆情及其内在机理的研究，一是分别从政治学、社会学、新闻传播学等学科视角对社会舆情的内涵、表现及其本质特征进行的研究，阐述了无论是西方资本主义国家还是我们社会主义国家，社会舆情既是公众表达诉求的民主体现，又在一定程度上造成了社会影响与危害，研究成果阐明了对社会舆情要进行有效治理的必要性。二是随着移动网络技术、新媒体和自媒体形式的出现和普遍应用，网络和自媒体成为公众表达诉求的重要载体和渠道，网络舆情成为社会舆情的重要组成部分，网络舆情的研究和治理越来越引起重视。三是研究了社会舆情（网络舆情）生命周期内生成、发展、传播路径、演化、衰退的过程。这些研究成果构成了大数据环境下社会舆情治理决策研究的重要基础，提供了有益指导。但是，这些研究将社会舆情与社会舆情信息分离，造成社会舆情分类的混乱性、不科学性与不合理性，导致无法对社会舆情信息进行有效分类；研究成果虽然研究了生命周期内社会舆情（网络舆情）生成、发展、传播路径、演化、衰退的过程，但对生成、发展、演化、衰退之间的内在关联缺乏研究，需要将研究视角从单向度的内容研究转变为“内容关系”的多维度研究。世界的本质是数据，但不是堆积数据，而是探寻数据之间的内在关联性，从而才能提高社会舆情治理决策的科学性、有效性。

第三，已有的关于社会舆情治理组织模式的研究，主要集中在问题理论视角与行动规则研究、从国家与社会的理论视角介绍与研究了发达国家社会舆情治理的组织模式、管理场域与战略目标研究、网络舆情治理主体与互动机制研究、社会舆情治理组织适应模式等方面，丰富的研究成果对社会舆情治理组织的构成、行动规则、管理场域、管理目标、互动机制、信息流动、舆情治理组织的能力与发展等问题的研究与解决，对大数据环境下虚拟社会场域中社会舆情的“蝴蝶效应”、局部性问题更容易失控而迅速演变为全局性危机等问题的研究与解决，都提出了许多非常具有见地的观点，这对于完善社会舆情治理体制机制起到了重要的指导作用。但是，已有的研究对于社会舆情治理组织的角色定位、权力边界与组织功能问题的研究，对于大数据环境下社会舆情治理组织间分工协作机制和信息资源共享机制的研究，对于社会舆情治理组织模式如何适应社会舆情演化规律及应对规则的研究等，都还显得有些薄弱。

因此，发挥大数据对社会舆情治理组织模式创新的研究，既需要吸收和运用前人的研究成果，又需要根据大数据时代的特征与需求，进一步拓展和丰富前人关于社会舆情治理组织模式的研究；既要考虑大数据技术环境的属性，又要考虑政治、经济、技术、社会、心理和政策环境的变化，从虚拟社会场域中的社会舆情特征及其治理要素分析中研究大数据环境下社会舆情治理组织的角色定位、权力边界与组织功能，从社会舆情的生成、发展、演化、衰退的数据关联分析中研究各种治理组织间分工协作与动态调整规则，研究社会舆情治理组织的运行机制以及政策工具运用。

第四，已有关于社会舆情监测和预警体系研究，主要从技术和应用的角度，对社会舆情传播源、传播渠道、内容价值等不同维度构建了多套社会舆情监测指标体系，从应用的角度设计了多个行业舆情监测指标体系。同时，已有研究还从多个角度研究构建社会舆情的预警体系和预警模型。已有研究在理论上拓展了社会舆情治理的研究，为构建社会舆情监测指标体系和预警体系开阔了视野、提供了范式；在实践上为有效防范和处置舆情事件、进行社会舆情监测和预警提供了有益指导，具有探索性、开创性。

已有研究还有待进一步丰富和拓展：一是随着人们对于社会舆情在生成、发展、演化、衰退内在机理和内在规律认识的不断提高，随着大数据技术、政治、经济、社会和政策环境的变化，以往的监测指标和预警方式会逐渐落后与过时，以往没有认识到的一些监测指标和预警方式，随着人们认识的提高和环境的变化，新的监测指标和预警方式需要补充和完善，科学性需要进一步提高，已有社会舆情监测指标、预警方式、预警模型的研究需要丰富和发展。二是已有研究只是注重了监测指标体系的构建，忽视了监测指标背后所需要的信息支撑，忽视了社会舆情信息获取的可行性，社会舆情分析的深度不够，监测指标体系构建与社会舆情信息脱节，导致监测指标、预警方式在实际应用中具有不可操作性、不可实施性，需要把社会舆情监测指标和预警模型构建与舆情信息分析有机联系起来。三是已有对社会舆情监测、预警的研究主要集中在社会舆情信息的采集及信息源的扩展方面，所依据的数据库相对来说比较简单、结构单一、数据量有限，还停留在 TB 级别，在流程上忽视了社会舆情监测与预警之间的内在关联性。四是舆情信息源整合不够，信息采集质量不高。对于舆情预警系统来说，信息源多样，以微博、社交网络、即时通信为载体的“微内容”是主要的信息来源，现有舆情监测手段的信息源明显不够，对各类信息源的整合力度不大，不能实现全网采集，制约了舆情预警的效果。采集算法较为简单，信息采集呈现重复性、非相关性和表层化，导致采集的信息多为重复的、非相关的、浅层的，甚至是虚假的信息。五是舆情分析过程缺乏智能性，信息分析深度不够，现有舆情预警系统在信息处理方面，要么是将收集的信息经过简单整理后交给工作人员进行人工定性分析和经验判断，要么是借助舆情字典和统计学进行分析判断，导致获取的信息多为统计层面的相关数据，没有深入挖掘数据背后隐含的深层知识，更无法涉及舆情信息的语义层次，系统智能化程度不高。六是舆情预警研判功能偏弱，无法满足决策支持，现有的舆情系统进行预警时多为自动舆情分析报告和人工经验相结合的方式，鲜有设置科学系统的预警研判指标体系，导致提供的预警结果的不可预料性和不科学性，无法保证危机预警决策的效果。因为现有的舆情系统进行预警时多为自动舆情分析报告和人工提炼出舆情分析的各项指标与评分方法，但指标体系的构建欠缺深度，对信息源的分类不够细致，对社会舆情的多样性和复杂性信息缺乏充分和系统的考量，终究使得理论上构建的社会舆情监测指标体系难以在实践中发挥作用。

因此，发挥大数据对社会舆情监测和预警体系作用的研究，一是要以社会舆情信息科学分类、充分获取社会舆情信息为基础，运用大数据技术解决社会舆情信息采集困难、获取信息不及时、获取的信息不精准、信息应用不便利等问题；在社会舆情研究的重点上，实现从舆情信息采集转向数据加工、数据挖掘、数据处理和可视化等，实现数据库支持从简单的、有限的数据库转向非结构化的大数据库，实现从注重舆情监测转向注重舆情预警、从单向度的危机应对转向各个领域的综合信息服务。在此基础上构建社会舆情监测指标体系、设计社会舆情监测模式，需要科学规划监测对象、定向采集和元搜索采集，需要兼顾深度和广度。二是要以大数据为基础预测未来，以科学构建社会舆情分析模式、进行社会舆情信息分析为中介，将社会舆情监测指标运用到各类舆情事件之中，对各类舆情事件的严重程度进行评估与评级。三是要将各类社会舆情事件的评估结果进行运用，根据评估结果进行社会舆情预警。社会舆情预警是海量的舆情数据分析的结果，也就是将不同的舆情数据流、信息流整合到一个大型的社会舆情数据库之后，经过评估指标和舆情信息分析，就能够清晰地评判每个（类）社会舆情的等级或级别，从而启动不同的预警预案。

第五，已有关于社会舆情治理中的多部门协同决策模型研究，主要以管理科学、运筹学、控制论和行为科学为基础，以计算机技术、仿真技术、信息技术、大数据技术和云计算为手段，针对半结构化的决策问题进行了研究，进一步推动了数据挖掘技术、决策支持技术的成熟和普遍应用。已有研究从技术角度关于大数据与决策支持的技术性研究成果比较丰富，研究内容也主要集中在如何采用数据挖掘的方法提供决策支持。因此，已有研究从一般原理上为如何运用数据挖掘技术、决策支持技术进行科学决策提供了有力的理论指导；同时，已有研究也开始涉及数据挖掘技术、决策支持技术应用到社会舆情治理决策之中的成果。总体上，已有研究为大数据环境下社会舆情治理决策研究、拓展决策领域、构建多部门和多主体协同决策模型奠定了很好的基础。

但是，已有关于社会舆情治理中的多部门协同决策模型研究还需要在已有研究的基础上进一步深化。因为，大数据环境下社会舆情治理中的多部门协同决策模型研究，就是要根据所获取的海量社会舆情数据，在社会舆情监测、社会舆情分析、社会舆情预警的作用下，根据政治、经济、技术、社会、心理和政策环境的变化情况，根据社会舆情治理过程中不同主体的角色，根据社会舆情在生成、发展、演化、衰退的不同发展阶段，形成跨主体协同的、动态的决策方案，以实现社会舆情治理体系和治理能力现代化。这种深化研究具体表现为以下方面：一是社会舆情事件的应对过程需要多个主体制订和实施统一的社会舆情事件应对方案，共同采取行动和措施对社会舆情事件进行干预与抑制，社会舆情事件应对和治理过程是多个主体协同管控过程，智能化、自动化的社会舆情治理决策模型正是多部门、多主体协同决策模型；二是采用 HTN 规划技术辅助不同部门、不同主体根据社会舆情生成、发展、演化和衰退的复杂态势设计生成应对行动方案，深化社会舆情治理、导控行动方案制订方法的研究，深化社会舆情的决策支持研究；三是进一步完善社会舆情领域知识建模方法，通过数据之间的关联分析来识别社会舆情事件应对过程中各级政府舆情管控部门之间完成的工作任务之间的依赖关系，并有针对性地设计协调规则，力图降低社会舆情事件应对过程中的冲突，最大限度地提升各参与部门、主体之间的行动协调性，将数据仓库、联机分析处理、数据挖掘、模型库、数据库、知识库结合起来形成综合的、智能化的决策系统，并提供一整套“社会舆情处置与导控”的决策方案，包括社会舆情处置预案、媒体渠道、社会舆情处置与导控工具等。

第六，已有关于大数据环境营造和社会舆情治理能力提升的研究，关于大数据应用到社会舆情治理决策研究还处于初级阶段，相关研究成果还较少，如何有效营造大数据环境、如何以大数据为基础提高舆情治理能力的研究，形成政治学、新闻学与传播学、管理学、计算机科学的交叉渗透，形成多学科交叉渗透的综合研究成果，当前还比较缺乏。应用大数据技术推进社会舆情治理体系和治理能力现代化，这是大数据环境下社会舆情治理决策研究与应用的落脚点。在营造大数据环境方面，需要深化对法律制度环境、政策环境、技术环境、标准规范、大数据管理体制机制环境、人才环境等方面的研究，既要促进大数据技术的提升和在社会舆情治理决策中的深度应用，更要提高社会舆情信息的共享度和开发利用水平。在推进社会舆情治理体系和治理能力现代化、提升社会舆情治理能力方面，需要深化对社会舆情治理主体多元化、社会舆情治理手段和方法现代化、社会舆情治理方式的科学化、社会舆情治理行为过程的程序化和制度化，以及提高社会舆情治理结果的有效性等方面的研究。

已有研究一方面表现出明显的开拓性，为大数据在社会舆情治理决策中的应用研究奠定了坚实的基础；另一方面由于受认识发展阶段的局限，受政治、经济、技术、社会、心理和政策等一系列变量因素的影响，还具有进一步拓展和丰富的空间，表现出分散研究、学科之间分割和孤立研究的局限。特别是在实现推进国家治理体系和治理能力现代化的目标框架下，健全社会舆情汇集和分析机制、改进社会舆情监测预警和导控工作、营造健康的社会舆论氛围，"防患于未然"，是大数据环境下推进国家治理体系和治理能力现代化的必然要求。这样，如何应用大数据准确把握社会舆情生成、发展、演化和衰退的内在机理，如何应用大数据技术和云计算技术构建社会舆情监测体系、预警体系和智能化的社会舆情治理决策模型，进行社会舆情治理与应对处置的科学决策，就成了当前我国社会治理面临的一个突出问题。

围绕这个核心问题，还将衍生和解决以下具体问题：

第一，大数据环境是如何作用于社会舆情生成、发展、演化、衰退的内在机理的？大数据环境下社会舆情生成与传播有哪些基本规律？如何进行社会舆情信息的科学分类？

第二，在国家治理体系框架下，政府部门介入社会舆情治理的公权力边界和行为准则如何界定？大数据环境下社会舆情治理组织间分工协作机制如何形成？社会舆情治理格局及其运行机制如何建立？社会舆情演化规律和应对规则对于社会舆情治理组织的结构变化与功能变迁有何影响？

第三，在社会舆情分类和褒贬分析的基础上，如何建立健全适应不同领域、不同行业舆情的监测和预警体系？如何根据社会舆情监测和预警体系，在获取舆情态势和发展趋势信息的情况下能自动发出社会舆情预警信号，并辅助制订预警方案？

第四，如何识别社会舆情事件应对过程中各部门之间以及所完成的工作任务之间的依赖关系，并有针对性地设计协调规则，降低舆情事件应对过程中的冲突，最大限度地提升各参与部门、参与主体之间的行动协调？如何构建社会舆情治理中多部门、多主体协同决策模型？

第五，如何营造良好的大数据环境？如何以大数据为基础提升社会舆情治理能力，推进社会舆情治理体系和治理能力现代化？

二、大数据在社会舆情监测中的具体应用

传统媒体和互联网是社会舆情的载体，每天都产生着海量舆情信息，反映了社会公众的观点和态度，并可能引发社会公众的群体行为，甚至诱发社会舆情事件。社会舆情及其诱发的社会舆情事件对党委、政府的形象和社会心理往往会造成严重影响。如何提升社会舆情的识别能力，预测社会舆情可能引发的社会舆情事件，并及时采取预警行动包括把握舆情动态、分析社会舆情数据蕴含的信息、根据社会舆情监测与分析结果进行预警研判、采取预警与导控措施、最大限度减少社会舆情引发的社会舆情事件、营造健康和良好的舆论环境，是社会治理工作的重要内容。

然而，我国社会舆情治理工作中存在着以下问题：

一是社会舆情信息源整合不够，信息采集质量不高。对于舆情预警系统来说，以微博、社交网络、即时通信为载体的“微内容”是主要的舆情信息来源，现有社会舆情监测所采集的信息源明显不够，缺乏对各类信息源的整合，不能实现全网采集，制约了社会舆情引发社会舆情事件的预警研判效果。另外，采集算法较为简单，信息采集呈现重复性、非相关性和表层化，导致采集的信息多为重复的、非相关的、浅层的，甚至是虚假的信息。

二是舆情分析过程缺乏智能性，信息分析深度不够。现有社会舆情监测分析系统在信息处理方面，要么是将采集的信息经过简单整理后交给工作人员进行人工定性分析和经验判断，要么是借助舆情字典和统计学进行分析判断，导致获取的信息多为统计层面的结构化数据，非结构化数据缺乏，没有深入挖掘数据背后隐含的深层知识，更无法涉及舆情信息的语义层次，系统智能化程度不高。

三是社会舆情预警研判能力偏弱，无法满足社会舆情预警工作的要求。特别是社会舆情监测分析系统在进行预警时多为自动舆情分析报告和人工经验相结合的方式，没有涉及科学系统的预警研判指标体系，从而导致提供的预警研判结果具有不可预料性和不科学性，无法保证社会舆情诱发社会舆情事件预警管理的效果，严重影响了决策的有效性。这些问题的存在严重影响了社会舆情治理决策水平与能力的提升。

面对上述问题，要提高社会舆情监测分析的科学性、准确性，就必须在第一时间掌握“与我相关”的角度事件，必须准确采集到“我最需要”的社会舆情信息，必须不留死角地全网监控到各种舆情信息，随时知道网上在干什么，防止有害信息泛滥传播和舆情失控、追溯社会舆情重点内容的传播途径、研判社会舆情信息的未来走势、全面掌握社情民意，并且为党委、政府报送社会舆情简报和专报等。这就为大数据在

社会舆情监测与预警体系中的应用提供了广泛需求。

因此,总的来说,大数据在社会舆情监测与预警中的应用主要表现为以下方面:

一是以社会舆情信息科学分类、充分获取社会舆情信息为基础,运用大数据技术解决社会舆情信息采集困难、获取信息不及时、获取的信息不精准、信息应用不便利等问题,实现社会舆情内在机理的研究,从舆情信息采集转向数据加工、数据挖掘、数据处理和可视化,实现数据库支持从简单的、有限的数据库转向非结构化的大数据库,实现从注重舆情监测转向注重舆情预警、从单向度的危机应对转向各个领域的综合信息服务。在此基础上构建社会舆情监测指标体系、设计社会舆情监测模式、科学规划监测对象、定向采集和元搜索采集有机结合、深度和广度兼顾。

二是以大数据为基础预测未来,以科学构建社会舆情动态分析模式,以社会舆情信息分析为中介将社会舆情监测指标运用到各类舆情事件之中,对各类舆情事件的严重程度进行评估与评级。

三是将各类社会舆情事件的评估结果进行运用,根据评估结果进行社会舆情预警。因此,监测预警就是基于海量舆情数据分析的结果,也就是将不同的舆情数据流、信息流整合到一个大型的社会舆情数据库之后,经过评估指标和舆情信息分析,就能够清晰地评判每个(类)社会舆情的等级或级别,从而启动不同的预警预案和采取不同的导控措施。

具体来说,大数据在社会舆情监测与预警中的应用主要表现为以下方面:

第一,以大数据为支撑实现了社会舆情监测信息的有效采集。影响社会舆情监测及其风险等级评估准确性、客观性的一个重要因素就是舆情信息的采集与获取,采集全面、真实、准确的舆情信息,是消除信息不对称和确保监测和评估结果准确、客观的关键。通过大数据这种创新方式来分析过去、把握现在、预测未来,有利于降低舆情监测、评估和预警过程中舆情信息的采集成本,有利于确保舆情信息的真实性、准确性。

以大数据为支撑实现社会舆情监测信息的自动化采集、自动化处理,具体就是要通过社会舆情大数据库和数据交换平台实现社会舆情监测、预警系统与各类舆情数据终端的无缝链接,将识别为社会舆情的所有数据资料自动交换到社会舆情监测与预警系统,实现舆情信息生成与舆情监测同步,实现大数据技术对自动化监测预警的支撑。

大数据不仅可以做到自动化采集舆情信息,而且还能够自动化处理信息。通过归类与整理信息,对不够或没有采集到的舆情信息,进行补充采集;对存有疑问的舆情信息，进行跟踪采集或鉴定与测验。这是一个去伪存真、去粗取精的加工制作过程，目的是要使采集到的反映各个行业、各个领域的社会舆情信息全面、真实、客观和准确。

政府及部门和所属公务人员、第三方机构、企业、其他社会组织和公民，根据权限大小调用社会舆情监测与预警系统提供的舆情信息、评估结果和咨询服务，将依从HL7 CDA模板设计的社会舆情处置档案文档（XML格式），上传至社会舆情监测与预警系统。采集的CDA文档类型包括各个行业、各个领域的舆情信息和政府及部门和其他组织进行社会舆情治理决策、采取导控措施等不同类型的数据（文档）。文档上传后，通过XML解析，提取关键数据元素（METADATA），调用文档存储服务将关键数据元素和XML文档存储在hbase数据库中，形成社会舆情处置档案文档库。

第二，应用于社会舆情监测系统。大数据应用于舆情监测系统，主要是整合大数据信息采集技术、信息智能处理技术和云计算技术，通过对互联网海量信息自动抓取、自动分类聚类、主题检测、专题聚焦，倾向性研判，实现用户的社会舆情监测和新闻专题追踪等信息需求，形成简报、报告、图表等分析结果，为党委、政府全面掌握舆情动态、做出正确的舆论引导，提供分析依据。

第三，分析社会舆情信息。分析社会舆情信息是采取预警行动的依据，应用大数据分析社会舆情信息是将社会舆情监测与预警管理中起关键作用的话题、事件、个体、群体等要素作为分析对象，进行话题发现与分析、社会舆情事件识别、公民个体行为分析和群体行为分析。

三、大数据在社会舆情治理中多部门协同决策模型构建的应用

社会舆情往往对社会群体行为具有重要影响，容易引起各类社会群体性事件等社会舆情事件。因此，重视负面舆情对社会秩序和公众心理产生的消极影响，采取有效的社会舆情导控措施和干预手段，积极引导舆情，及时借助媒体通过文字、图片等向公众传递正面的疏导信息，引导公众通过正确的参与沟通渠道参与社会治理，营造健康和良好的舆论环境，提升社会舆情治理的效果，就显得非常必要。在实践中，社会舆情治理部门，如应急办、宣传部门、公安部门等通过制订与实施统一的社会舆情导控方案，强化多个部门在社会舆情及其诱发的社会舆情事件应对过程中的协调性，提高社会舆情导控与应对的管理效果，从而降低社会舆情及其诱发的社会舆情事件造成的影响和损失。因此，社会舆情事件应对过程需要多个部门制订和实施统一的社会舆情事件应对方案，共同采取行动和措施对社会舆情事件进行干预与抑制。社会舆情治理过程中上级管理部门通过制订统一的社会舆情导控方案，并下达

给下级导控部门执行，从而实现社会舆情治理中多部门的纵向协调。社会舆情治理过程中，平等的导控部门之间通过平等的协商，协调不同单位之间的舆情导控行动，实现部门之间的横向协调。

然而，社会舆情及其诱发的社会舆情事件应对过程所构成的管理情景对社会舆情治理部门开展舆情导控与应对工作、制订与执行社会舆情导控方案提出了特殊约束条件。首先，社会舆情态势往往较为复杂，舆情治理人员需要参考社会舆情事件应急预案和法规，以及成功的社会舆情应对案例，制订在当前舆情态势条件下实现管理目标的社会舆情导控方案，实现更大的社会舆情治理工作绩效。其次，社会舆情应对过程中，舆情态势动态变化、舆情治理目标动态识别和舆情导控行动执行效果不确定性等因素可能导致当前应对方案不可行，或无法完成识别的舆情治理目标。社会舆情治理人员往往需要对现有导控方案进行调整和修复，及时对以上动态因素和不确定性因素做出响应。最后，社会舆情导控与应对工作涉及的多个政府单位之间往往难以形成稳定和全面的信息共享，无法实现快速联动，缺乏有效整合和统一协调，从而限制了舆情导控整体能力的提升。为了有效解决上述问题，应用大数据来实现社会舆情治理中多部门相互合作与协同决策，成为必要与可能。

社会舆情事件治理工作中面临的决策问题的解决过程往往涉及多部门、多层次的决策行为，是高级复杂的智能决策活动，要求社会舆情导控部门面对复杂与动态的社会舆情态势，根据社会舆情应急预案和管理案例，制订社会舆情导控与应对方案，并通过相互协作，共同应对社会舆情。因此，大数据在社会舆情治理中多部门协同决策模型构建的应用，主要表现为以下方面：

第一，识别社会舆情治理过程中社会舆情导控部门之间完成的工作任务之间的依赖关系，通过设计上下级管理部门之间的纵向协调方法与平级部门之间的横向协调方法，力图促进社会舆情治理过程中多部门导控与应对工作的协调性，提高社会舆情治理决策的效果，从而为各级党委、政府社会舆情治理部门设计社会舆情导控与应对方案提供智能化的决策支持，提高社会舆情治理决策工作的科学性和有效性。

第二，社会舆情事件的应对过程需要多个主体制订和实施统一的社会舆情事件应对方案、共同采取行动和措施对社会舆情事件进行干预与抑制，从多个主体协同导控过程的现实需要出发，构建多部门、多主体协同决策模型。

第三，采用 HTN 规划技术辅助不同部门、不同主体根据社会舆情生成、发展、演化和衰退的复杂态势规划生成应对行动方案，深化社会舆情治理、导控行动方案制订方法的研究,深化社会舆情的决策支持研究。

第四,进一步完善社会舆情领域知识建模方法,通过数据之间的关联分析来识别社会舆情事件应对过程中各级政府舆情导控部门之间完成的工作任务之间的依赖关系,并有针对性地设计协调规则,力图降低社会舆情事件应对过程中的冲突,最大限度提升各参与部门、主体之间的行动协调性,将数据仓库、联机分析处理、数据挖掘、模型库、数据库、知识库结合起来形成综合的、智能化的决策系统,并提供一整套"社会舆情处置与导控"的决策方案,包括社会舆情处置预案、媒体渠道、社会舆情处置与导控工具等。

四、运用大数据提升社会舆情治理能力的策略

大数据的合理共享和利用将为社会舆情治理创造巨大的社会化价值。社会化数据与以前采集的静态的、结构化数据完全不一样,它具有实时性、流动性和非结构化等特性。人们在社会化媒体上通过交流、购买、出售和其他日常活动以免费的方式提供着大量信息。这些数据由每个网民的微行为汇集而成,蕴含着巨大的价值,这将带来社会舆情治理决策的变革。随着大数据时代的到来,社会舆情在数据体量、复杂性和产生速度等方面,正发生着巨大变化。社会舆论处理方法已超出了传统常用的框架。用一句形象的话说,社会舆情正成为社会舆论分析和引导工作的基础和晴雨表,以大数据观念变革传统社会舆论引导思维,准确把握社会舆情的内在特征及其在演化过程中的潜在规律,对于新形势下做好社会舆论引导工作、维护网络社会安全,具有重要的理论意义和实践价值。

在大数据环境下,应用大数据管理技术来改善、提高社会舆情治理决策与服务水平,尤其对于社会舆情的治理可以起到非常直接的作用。一方面,利用大数据技术把积累的海量历史数据进行挖掘利用,可以提供更优质的公共服务;另一方面,通过对卫生、环保、灾害、社会治理等公共领域的大数据实时分析,可以提高突发事件的预判能力,为实现更科学的公共危机管理提供决策基础。

应用大数据提升社会舆情治理能力是基于前期对社会舆情发生和发展的内在机理,利用社会舆情信息之间的关联特征,有效地收集并梳理海量数据之间的关联性,并基于一套从现场海量案例库抽取建立起来的社会舆情监测体系之上,通过舆情诱发事件的预警管理体系,能对社会舆情的发展趋势做出精准的判断和预测。这样就可以积极地利用社会舆情事件应对的多部门协同决策模型,做出合理的、及时的应急处置响应。

运用大数据提升社会舆情治理能力,主要表现为:

第一，营造和改进大数据应用的环境。大数据应用环境的改善与大数据作用的有效发挥，是相互作用、有机联系的两个方面。从法律制度环境、政策环境、技术环境、标准规范、大数据管理体制机制环境、人才环境等方面深化大数据应用的环境。既要促进大数据技术的提升和应用拓展，更要提高社会舆情信息的共享度和开发利用水平，展示出大数据在社会舆情治理领域的力量。在推进社会舆情治理体系和治理能力现代化、提升社会舆情治理能力方面，营造和改进大数据应用的环境、发挥大数据推进社会舆情治理体系和治理能力现代化的作用，具体表现为社会舆情治理主体的多元化、社会舆情治理手段和方法的现代化、社会舆情治理方式的科学化、社会舆情治理行为过程的程序化和制度化、提高社会舆情治理结果的有效性等方面。

第二，构建社会舆情治理决策的大数据思维。大数据引起了对实验科学、理论科学研究与分析方法的重新审视，人们开始寻求模拟的方法，使得数据研究与应用引起学术界和各国政府的高度重视，并成为重要的战略布局方向。面对浩瀚无边的信息海洋，宏观的数据掌控与全局性的贯彻才能够还原社会化媒体中世界的原貌，信息爆炸催逼突发事件舆论应对的思维转变，需要从全局性、相关性和开放性三个维度全面构建大数据思维。

全局性，改变固有信息思维定式，不再执着于舆情信息的确定性与精确性。海量即时数据面前，已经没有绝对精准的舆论应对了，而对突发事件议程设置、话语整体态势的把握，明确突发事件中舆论主体地身份构成、话语倾向、利益诉求才是应对成功与否的关键。因此，大数据时代从海量数据中挖掘有价值的信息运用于社会舆情，取代以往抽样调查的方法。

相关性，关注相关信息，运用相关信息，分析相关信息。大数据时代对于事件的舆论应对来说已经没有必要梳理纷繁复杂的信息间的因果关系，而是探索确认信息之间的相关关系。信息的病毒式的裂变传播，早已将传播中的因果链条分散。而裂变的信息复制却总是存在着相同的数据基因，通过相关性挖掘能够发现其中的发展趋势。

开放性，突破国界的全球化应对。大数据时代新的媒体技术突破了人际传播的地域性，局部消解了传统媒体的可控性，将整个世界都互联在一起，碎片化信息传播模式令信息传播的路径变得越来越难以预测，开放的信息平台的存在成为如今突发舆论应对不得不面对的现实。

第三，完善社会舆情的大数据管理机制。要实现数据“增值”就需要有相应的技术和能力，一种能够收集、分析海量数据的新技术，而这样的技术对于社会舆情治理来说将开启一个新的时代。大数据背景下的社会舆情治理工作的重点在于：一是面对海量的、无序的数据如何做到快速分析、及时反应和动态应用持续关注；二是如何在技术上实现对海量数据和信息的存储、深度挖掘和实时监测，特别是实现精准的采集和预警。对于社会舆情事件的舆情信息管理，这样的技术既是具体的信息处理手段，更是一整套挖掘数据、分析信息、运用信息的大数据管理机制。社会舆情的大数据管理机制主要表现为事前预警机制、事中控制机制、事后评估机制三个部分。

第四，创新社会舆情的引导方式。面对大数据环境，对于社会舆情的引导，除了加强顶层设计之外，还需要在具体操作层面上寻找大数据时代社会舆情的引导策略，“提高同媒体打交道的能力”，即提升运用社会化媒体的能力，加强与传统媒体合作，掌握舆论主动权。因此，大数据时代突发事件舆论引导应依靠信息数据管理，运用数据挖掘、情绪分析、自然语言分析等大数据信息技术分析突发事件相关信息，预测网络民意走势；面向网络社会，利用神经网络、神经分析等大数据信息技术识别潜在微博意见领袖，分析社会化媒体中个体间的社交关系，提高舆论引导的针对性，加强与微博意见领袖沟通，最终实现引领微平台意见的目的。

一是政府由数据“收集者”向数据“分析者”转变。“大数据”时代，收集、管理和分析数据日渐成为网络信息技术研究的重中之重，以非结构化和半结构化数据高效处理为基础的数据处理与分析技术，将促进数据向知识的转化、知识向行动的跨越。这就需要从数据围着处理器转改变为处理能力围着数据转，是要将计算推送给数据而不是将数据推送给计算。因此，这就必须首先让数据关联起来。联合国“全球脉动”计划将数据的分析价值、数据与政策的相关性以及使用个人数据的隐私三个内容列为“大数据”时代可能面临的问题，由此可见数据分析的重要性和难度。分析的首要前提是让看起来不相关的数据真正地关联起来；其次，让“盲数据”活起来。政府掌握着大量的、关键的数据，是数据时代的财富拥有者，但目前政府掌握的数据很多都处于休眠状态，如何让这些“盲数据”发挥出活力，是“大数据”时代政府面临的关键问题。

二是积极推动政府数据开放，由数据“被索取者”向服务“推送者”转变。随着信息技术的发展、民主意识的崛起、政府执政理念的转变，政府也在逐渐转变自己的角色，虽然缓慢，但是已开始行动。美国总统奥巴马在讲话中提到：为了引领一个开放政府的新时代，面对信息，政府机关的第一反应必须是公开。这意味着我们必须坚定地公开信息，而不是等待公众查询。所有的政府机关都应该利用最新的技术推进信息公开，这种公开应该是及时的。

三是政府决策由“预报”走向“实报”“精报”的发展路径。“预报”走向“实报”。2009 年联合国最先提出“数据脉动”,并发布《联合国“全球脉动”计划 —— 大数据发展带来的机遇与挑战》报告，计划在研究、创新实时信息数据分析的方法和技术，集中整合开放源码技术包,分析实时数据并共享预测结论等方面开展相关试验。在“数据脉动”计划中，联合国强调数据的实时性，要求通过分析实时信息数据形成预测，追求政府决策由“预报”向“实报”过渡。

“精报”源于“实报”。只有充分掌握社会舆情发展变化的大量实时数据，才能形成精准的分析报告。“大数据”时代，政府通过运用信息化工具，将数据挖掘采集到的新信息应用于支撑官方统计数据、调研数据和预警系统生成的信息，更加深入地区分人类行为和经历的细微差别,通过实时操作以上步骤,使信息与时间保持同步。

结合社会舆情监控和预警指标体系、决策模型和数字化过程,对当前社会舆情的治理方式和响应过程和手段进行汇总，对社会舆情监控和治理的业务过程进行分析建模,并依托政府部门为试运行基地,与专业的计算机软件公司“产学研”结合,以“需求调研—需求分析—架构设计—阶段交付—试运行—交付验收”的“螺旋式迭代开发”方法，运用快速原型法，调整适应实际需求，开发设计出能利用大数据技术积极有效地获取网络信息的系统，并以此为基础围绕社会舆情预警体系和决策模型，开发设计网络舆情监控系统和社会舆情数据分析系统。

参考文献

[1] 特金顿 .Hadoop 基础教程 [M]. 北京：人民邮电出版社，2004.

[2] 埃尔 . 云计算概念、技术与架构 [M]. 北京：机械工业出版社，2014.

[3] 周品 .Hadoop 云计算实战 [M]. 北京：清华大学出版社，2012.

[4] 于广军，杨佳泓 . 医疗大数据 [M]. 上海：上海科学技术出版社，2015.

[5] 王鹏 . 云计算的关键技术与应用实例 [M]. 北京：人民邮电出版社，2010.

[6] 孟小峰，慈祥 . 大数据管理：概念，技术与挑战 [J]. 计算机研究与发展，2013，50（01）：146-169.

[7] 翟周伟 .Hadoop 核心技术 [M]. 北京：机械工业出版社，2015.

[8] 刘鹏 . 实战 Hadoop：开启通向云计算的捷径 [M]. 北京：电子工业出版社，2011.

[9] 莫秀林 . 地理信息系统（GIS）专题内容的分类探讨 [J]. 新建设：现代物业上旬刊，2013（10）：23-25.